Prisme
*Saggi*

Matteo Nardi
Letizia Palmisano

# 10 idee per salvare il pianeta

## prima che sparisca il cioccolato

CITTÀ NUOVA

via Pieve Torina, 55 - 00156 Roma
tel. 063216212 - e-mail: diffusione@cittanuova.it

ISBN 978-88-311-7558-6

Finito di stampare nel mese di maggio 2021
dalla tipografia STR Press Srl
via Carpi, 19 - 00071 Pomezia (Roma)

*Scrivere il libro è stato un viaggio introspettivo*
*delle tante piccole grandi scelte quotidiane,*
*confidando di fare sempre meglio in futuro.*
*Dedico il libro a mio figlio Bruno,*
*a mio marito Giuseppe e ai miei genitori.*

Letizia Palmisano

*A mio zio Andrea e a mio padre Daniele,*
*perché bisogna andare e tornare da Fantàsia*
*per salvare entrambi i mondi.*

Matteo Nardi

# Prefazione

Questo libro nasce dalla volontà di condividere la nostra comune visione del mondo attraverso lenti verdi. Abbiamo scelto dieci argomenti, consci che non avremmo potuto affrontare ogni aspetto legato alla sostenibilità in un unico saggio. Ci auguriamo quindi che i capitoli possano essere spunto di riflessione, magari di discussione, soprattutto siano un punto di partenza per approfondire tematiche spesso complesse, ma a ogni modo decisive per il nostro futuro e la salute. È il momento che ognuno faccia la sua parte perché i cambiamenti climatici in atto e il consumo indissoluto di risorse stanno avendo conseguenze devastanti sulla Terra, per come la conosciamo e la viviamo.

Tra i tanti effetti negativi del surriscaldamento globale, vi sono quelli relativi al calo della produzione di colture a oggi fondamentali per molte popolazioni, come mais, riso e grano. Secondo i dati del World Economic Forum, rischiamo inoltre di rimanere a corto di comfort food, come caffè e cioccolato[1].

Non importa quindi se lo facciate per salvare il mondo che conosciamo, per tutelare la biodiversità o per la vostra colazione. Ciò che è fondamentale è iniziare ad agire, ora!

[1] Proprio da questa riflessione nasce il titolo del libro: www.weforum.org/agenda/2018/02/12-of-your-favorite-foods-that-might-be-going-extinct-soon

# Introduzione
## *Il privato è pubblico. Anzi, è un bene pubblico*

di Simone Cosimi

Transizione. Un termine entusiasmante e al contempo inquietante. Si cambia stato, condizione, situazione. Si abbandona una terra nota, ma dove ormai non possiamo attardarci oltre, verso una ignota ma ricca di prospettive. Fra le altre formule Treccani definisce la "transizione", dal latino "*transitio, transitionis*", come il «periodo che segna il passaggio da una civiltà a un'altra, durante il quale si maturano nuove forme sociali». Le transizioni a cui il pianeta è chiamato dall'urgenza della crisi climatica e dal dolore delle diseguaglianze sociali sono diverse ma intrecciate, come intrecciate sono le due sfide degli ecosistemi naturali e umani: sono quella digitale e quella ambientale. Non è un caso che il governo presieduto da Mario Draghi, il terzo della tribolata XVIII legislatura, un esecutivo di unità nazionale chiamato a salvare il Paese dall'emergenza pandemica e socioeconomica, conti fra i suoi ministeri anche quelli dedicati proprio all'"innovazione tecnologica e transizione digitale" e alla "transizione ecologica". Quest'ultimo, fra l'altro, ricco di deleghe e primo beneficiario dei fondi europei legati al programma continentale Next Generation EU. Meglio tardi che mai: in Francia un simile dicastero esiste dagli anni Settanta, anche se solo di recente ha assunto questo nome.

La transizione ecologica è dunque un affare anzitutto geopolitico, che tocca cioè le strategie pubbliche e i modelli di produzione, distribuzione, consumo, smaltimento e riutilizzo seguiti e imposti alle organizzazioni private ma anche gli equilibri, le rendite e gli investimenti internazionali che attori di ogni tipo perseguono per i più diversi obiettivi. Si tratta di una dinamica epocale che impone di ripensare alle fondamenta il percorso che ci ha condotto a un pianeta caldo e affollato, che entro il 2050 conterà oltre 200 milioni di "rifugiati ambientali": persone costrette a scappare dalle proprie terre ormai inabitabili, inospitali, finite sott'acqua o sotto la sabbia, bersagliate da squilibri meteorologici prima sconosciuti o al centro di dispute per le risorse energetiche. Una strada che non tutti, proprio per quegli interessi e quelle rendite, vogliono ancora imboccare.

Come dimostrano anni di mobilitazioni civiche e ambientaliste, soprattutto giovanili, la geopolitica è personale. Le sfide che hanno scalato l'agenda delle priorità del pianeta, riportando gli Stati Uniti negli Accordi di Parigi col salvifico arrivo di Joe Biden alla Casa Bianca o collocando le spese green al vertice delle voci su cui impiegare i fondi per la ripresa post-pandemica da parte della Commissione Europea, nascono cioè in egual misura dalla concretezza e dalla teoria. In questo secondo caso, dalla testardaggine dei tanti e delle tante Greta in giro per il mondo, le cui battaglie liquidate all'inizio come velleitarie sono state tragicamente accompagnate dai fatti, che come sempre parlano da soli: lo scioglimento dei ghiacci, i ribaltamenti climatici, l'estinzione di specie e interi ecosistemi, i fenomeni estremi un tempo rarissimi e oggi incredibilmente più frequenti e devastanti a latitudini sconosciute, le minacce ai sistemi di sussistenza locali, la guerra per l'acqua e le materie prime.

Mai come in questi anni, insomma, ci siamo resi conto che il privato è pubblico. Anzi, è un bene pubblico. Nel senso che contiene in sé, nelle direzioni che può imboccare, un potenziale di positività distribuito allo stesso modo fra le posizioni di principio e gli esempi pratici. Probabilmente il salto rivelatore di questi nostri anni d'angoscia e sconcerto, quando non ci rimaneva altro che affidarci al *clicktivism*, è stato questo: dare corpo alle posizioni di principio liberandoci dal ricatto dell'ambientalismo radicale. Ormai siamo tutti ambientalisti, nel senso che le informazioni a nostra disposizione sono tante e di tale qualità da coinvolgerci senza scuse. Dall'opposizione al fast fashion alla sempre più profonda attenzione per le condizioni del bestiame negli allevamenti intensivi, dalla necessità etica di mettere i propri soldi sui brand che garantiscono per tutta la loro filiera condizioni sostenibili in termini di approvvigionamenti e forza lavoro alla sensibilità per quello che finisce nei nostri mari, nelle nostre terre e quindi sulle nostre tavole, e dentro le nostre cellule: stiamo scoprendo che non occorre la tessera di un'associazione per dare il proprio contributo. Cioè per fare del bene pubblico. E finire dunque per influenzare, una scelta dopo l'altra, un acquisto dopo l'altro, quelle politiche pubbliche da cui dipende la salute individuale, della propria comunità e globale.

Ciononostante, per quanto l'avanguardia sia ormai numerosa, ciascuno di noi rischia spesso di impiegare mesi, se non anni, a realizzare i modi specifici con cui dare forma a questa libertà responsabile. A fare quel bene ricostruendo, pezzo dopo pezzo, la propria routine quotidiana in modo che sia un po' meno impattante e un po' meno traumatica per se stessi, per l'ambiente e per gli animali. Oppure a non farsi fregare dal *greenwashing*, dal marketing di superficie che colora tutto di tinte pastello calpestando quella responsabilità che ormai mettiamo naturalmente in circolo. Il libro che avete in mano prova a velocizzare questa transizione, perché il tempo stringe e non solo le generazioni future ma anche quelle attuali hanno una domanda ormai aggiornata e bruciante rivolta non ai padri e alle madri ma ai fratelli maggiori: non più che cosa avete fatto per noi, ma cosa state facendo adesso. Non servono spesso risposte eroiche: ciascuno di noi può essere un piccolo eroe del proprio universo familiare, aprendo gli occhi al mercato rionale, nei rapporti di ogni giorno, prima dell'ennesimo clic su internet. Letizia Palmisano e Matteo Nardi ci guidano, prendendoci per mano, in questa trasformazione quotidiana: dalla spesa al movimento, che è vita, dalla crescita al lavoro, dalla scuola all'alimentazione. Ci danno le istruzioni per fare della nostra piccola vita una dimensione che abbia un grande senso. Qui e ora: il vecchio mondo è scaduto ma per fare il nuovo non servono supereroi. Serve la forza tranquilla di nuovi modelli.

Simone Cosimi è giornalista professionista, collabora con numerose testate nazionali fra cui «La Repubblica», «D», «DLui», «Wired», «VanityFair.it», «Esquire», «StartupItalia», «Centodieci» e «Prisma». Segue diversi ambiti fra cui tecnologia, innovazione, cultura, politica, esteri e territori di confine, spingendo verso un approccio multidisciplinare. Già redattore del mensile culturale «Inside Art», per cui ha curato cataloghi d'arte e pubblicazioni come il trimestrale «Sofà», ha lavorato in passato, fra gli altri, per «Rockstar», «DNews», «Excite», «Style.it» e molte altre testate. Speaker, moderatore e saggista, è autore con Alberto Rossetti di *Nasci, cresci e posta. I social network sono pieni di bambini: chi li protegge?* (Città Nuova 2017) e di *Cyberbullismo* (Città Nuova 2018). A gennaio 2020 è uscito il suo terzo libro, *Per un pugno di like. Perché ai social network non piace il dissenso* (Città Nuova).

# 1. Una casa a minimo impatto

di Letizia Palmisano

> «L'ecologia moderna ci insegna che non può esistere giustizia ambientale senza giustizia sociale, e viceversa; che i grandi sconvolgimenti dei nostri tempi (a partire da quello climatico) si possono affrontare solo ed esclusivamente tenendo tutto assieme, senza più credere nella favola dello sviluppo infinito, senza più sacrificare territori, popolazioni, diritti e vite sull'altare del capitale e del potere».
>
> Annalisa Corrado, ingegnera meccanica[2]

Sulla casa sostenibile si potrebbe scrivere un'intera enciclopedia. Nel nostro libro non riusciremo a esaurire tutti i consigli possibili, ma in questo primo capitolo vorremmo dare delle prime idee che, per fortuna, sappiamo essere positivamente contagiose.

## Energia domestica: accendiamo le buone pratiche

Gran parte della nostra vita si svolge al chiuso: che sia a casa, a lavoro o nel tempo libero. Proprio da qui bisogna partire per tagliare i consumi energetici che sono tra le principali fonti di emissioni climalteranti.

[2] La citazione è tratta dall'introduzione del suo libro *Le ragazze salveranno il mondo*, People, Gallarate 2020, p. 21.

Pensate che, secondo i dati diffusi dalla UE, gli edifici nel loro complesso incidono per il 40% del consumo energetico[3].

L'Eurozona, attraverso quanto stabilito dal *Green deal*, si è data obiettivi ambiziosi nella lotta ai cambiamenti climatici puntando alla neutralità in termini delle emissioni di carbonio entro il 2050[4]. Per perseguire questo risultato, ognuno di noi può fare davvero tanto. Come l'adozione a casa propria di pratiche virtuose che riducano l'energia necessaria e la scelta di fonti rinnovabili[5].

## Climatizzazione a misura di pianeta

Il riscaldamento e il raffrescamento sono voci che hanno un serio impatto ambientale. Come ridurlo? Miglioramento tecnologico e adozione di comportamenti green e consapevoli possono fare una grande differenza.

## Investire per risparmiare

Da dove partire? Potreste far effettuare una diagnosi energetica dell'immobile per valutare lo stato dell'isolamento ter-

[3] zc.europa.eu/info/news/focus-energy-efficiency-buildings-2020-feb-17_it

[4] I tre grandi obiettivi perseguiti dalla UE, con importanti scadenze al 2030, mirano al taglio delle emissioni dei gas serra (di almeno il 40% rispetto ai livelli del 1990), un miglioramento del 32,5% dell'efficienza energetica e una quota almeno del 32% di energia rinnovabile. Fonte: ec.europa.eu/clima/policies/strategies/2030_it

[5] Questi aspetti sono talmente rilevanti che, a seguito della normativa europea, oggi per vendere o affittare una casa o per accedere a determinati incentivi fiscali è necessario avere un attestato che certifichi le prestazioni energetiche dell'immobile e quali migliorie siano apportabili.

mico delle mura perimetrali, degli infissi nonché l'efficienza dell'impianto di riscaldamento[6] e di quello di climatizzazione. Esaminati i risultati dell'analisi, si potranno pianificare gli interventi di riqualificazione energetica che, oltre ad abbattere i costi per il riscaldamento (con un risparmio immediato, anche in termini ambientali), consentiranno di usufruire di incentivi ed ecobonus.

## Buone pratiche per tagliare le spese del riscaldamento

I nostri comportamenti possono determinare quanto tenere aperto o chiuso un termosifone[7]. Un primo suggerimento è di chiudere le persiane e le tapparelle di notte o comunque nelle stanze che non vivete. Se vi sono refoli, dotatevi di tende pesanti e paraspifferi.

Attenzione ai ricambi d'aria: sono fondamentali per la salubrità di un ambiente, ma c'è modo e modo di realizzarli! Basta aprire bene le finestre per pochi minuti più volte al giorno, invece di tenerle socchiuse per ore.

Evitate inoltre di collocare oggetti davanti e sopra i termosifoni, come le mensole, che costituirebbero una barriera per la diffusione del calore. Al contrario, tra muro e calorifero potrete apporre pannelli riflettenti (realizzabili anche da sé con

[6] Esistono a oggi tantissime soluzioni per ridurre i consumi: tra queste, i sistemi ibridi (caldaia a condensazione e pompa di calore) con la possibilità di abbinarli a impianti solari termici per ottenere l'acqua calda, oppure a impianti fotovoltaici per la produzione di energia elettrica green.

[7] Sul tema sono interessanti gli approfondimenti ENEA, come ad esempio www.enea.it/it/Stampa/news/energia-riscaldamenti-10-consigli-per-risparmiare-e-tutelare-l2019ambiente nonché tutti i materiali prodotti durante la campagna ItaliainClasseA.

fogli di carta stagnola) riducendo così le dispersioni attraverso la parete.

Un aspetto da non trascurare è poi la regolare manutenzione della caldaia da parte tecnici specializzati. Un impianto non regolarmente manutenuto è *in primis* pericoloso[8], rischia di consumare di più e quindi di inquinare di più.

## Centraline, timer e domotica

Nelle giornate d'inverno, quando si cammina per la strada con il freddo che punge, trovare un dolce tepore in casa offre sicuramente una condizione di benessere.

La piacevole sensazione non deve però distrarci: quel momento può costare caro all'ambiente e al portafogli se la soluzione immaginata è quella di lasciare i termosifoni aperti tutto il giorno, solamente per una temperatura mite al rientro.

L'installazione di una centralina di regolazione automatica della temperatura permetterà di tenere sott'occhio il termometro (così da rispettare anche i limiti di legge[9]), di sfruttare

[8] La mancata manutenzione della caldaia, come nel caso della revisione obbligatoria, può esporre a una sanzione pecuniaria per violazione di norme sulla sicurezza.

[9] Per quanto riguarda la temperatura, la normativa fissa un tetto di 20 gradi più 2 di tolleranza (19 gradi potrebbero bastare a garantire un piacevole tepore); per ogni grado in meno, ENEA stima risparmi dal 5% al 10% sui consumi di combustibile. Fate attenzione anche ai periodi e agli orari di accensione: l'Italia è suddivisa in sei zone climatiche e l'orario massimo nel quale è consentito tenere accesi gli impianti varia, a seconda della singola zona, da un massimo di 14 ore giornaliere per gli impianti in zona E (nord e zone montane) alle 8 ore della zona B (fasce costiere del Sud Italia). Come indicato nel D.P.R. 74/2013 che disciplina tali fasce, «possono derogare a tale norma, limitatamente alla sola durata giornaliera di attivazione [...] gli impianti termici al servizio di più unità immobiliari residenziali nei quali

strumenti come cronotermostati che consentono di effettuare una programmazione oraria, giornaliera e settimanale dell'attività dell'impianto, nonché in alcuni casi di attivarlo da remoto per massimizzare i benefici e minimizzare gli sprechi.

Obbligatorie per legge nei condomìni, le valvole termostatiche permettono di regolare il flusso dell'acqua calda nei singoli termosifoni. Secondo i dati ENEA[10], il loro utilizzo consente di abbattere i consumi del 20%: motivo per cui sono consigliatissime in ogni situazione. Un'altra funzione pratica riguarda la possibilità di chiudere i singoli radiatori delle stanze vuote. Le valvole più tecnologiche prevedono il controllo a distanza anche col wi-fi.

## Fresco d'estate

Quando si parla di mantenere temperature confortevoli in casa senza far impazzire la bolletta energetica, nell'immaginario di molti ci si riferisce all'inverno. Eppure sono notevoli i costi (economici e ambientali) necessari per difendersi dal caldo. Pensate a come negli anni si siano moltiplicati i climatizzatori. Vedremo assieme come usarli in maniera ecoefficiente, ma prima chiediamoci se sia così fondamentale accenderli.

sia installato e funzionante, in ogni singola unità immobiliare, un sistema di contabilizzazione del calore e un sistema di termoregolazione della temperatura ambiente dell'unità immobiliare stessa dotato di un programmatore che consenta la regolazione almeno su due livelli di detta temperatura nell'arco delle 24 ore (Art. 4, lettera f)».
www.enea.it/it/Stampa/news/energia-riscaldamenti-10-consigli-per-risparmiare-e-tutelare-l2019ambiente

[10] *Ibid.*

## Ventilatori e tende per un fresco ambiente

Forse non tutti sanno che è l'umidità a fare percepire una temperatura più alta[11]. Garantire una buona ventilazione può aiutare nel benessere in casa. Sfruttiamo le ore più fresche come quelle serali, notturne o mattutine per far circolare l'aria o avvaliamoci dei ventilatori (che hanno consumi decisamente più bassi dei climatizzatori).

Abbassare o chiudere persiane, tende e tapparelle nelle ore più calde consentirà di aumentare la schermatura solare e di mantenere a lungo la temperatura interna.

Se poi avete un'abitazione con doppia esposizione, provate a cambiare stanza in base agli orari, riuscirete a tenere il caldo a distanza!

Occhio alle lampadine: se avete in casa ancora qualche vecchia unità a incandescenza, sarà opportuno cambiarla con una a LED, oltre a consumare molto meno, non produrrà quel forte calore che si avverte avvicinandosi.

Spegnete ogni elettrodomestico inutile perché tenderà anch'esso ad alzare la temperatura. Cercate inoltre di non far aumentare l'umidità. Se dovete stendere al chiuso, prediligete i momenti che abbiamo indicato come i migliori per arieggiare e aprite le finestre.

Un ultimo consiglio riguarda noi stessi: meglio scegliere abiti che facilitino la traspirazione, non troppo aderenti, magari in fibra naturale e a tinte chiare.

[11] A precisarlo è anche l'ENEA nel decalogo dedicato al corretto uso dei climatizzatori: www.enea.it/it/Stampa/news/energia-10-consigli-enea-per-ridurre-i-consumi-e-i-costi-dei-condizionatori

## Climatizzatori: consigli per un corretto uso

Croce per alcuni, delizia per altri, i condizionatori rappresentano per molti ancora oggi lo strumento principale per combattere la calura estiva; tuttavia, se non usati correttamente, possono creare tante "freddate" al fisico e al conto in banca.

Allo scopo di ottimizzare il raffrescamento e nel contempo preservare l'ambiente e il budget familiare, vi sono una serie di consigli utili[12] per un uso efficiente dell'impianto di climatizzazione.

Innanzitutto se dovete acquistarne uno nuovo[13], è doveroso verificare la classe energetica, preferendo la A+++[14]. Studiatene poi il posizionamento in casa: considerato che l'aria fredda si dirige verso il basso mentre quella calda tende a salire, il climatizzatore andrebbe fissato nella parte superiore della parete, facendo attenzione che il flusso d'aria erogato non trovi nel suo percorso iniziale "ostacoli", come tende, pareti o mobili. Una volta installato, gestite il vostro impianto con moderazione e intelligenza: spesso è sufficiente attivare la funzione deumidificazione o, al massimo, abbassare la temperatura interna di due/tre gradi. Occhio alla pulizia e alla corretta ma-

[12] *Ibid.*

[13] Nella scelta del climatizzatore è bene prestare attenzione anche alle proprie esigenze; se per abitudine o per effettiva necessità, l'impianto rimane acceso per molte ore, si può ad esempio prediligere la tecnologia inverter: il consumo di energia è più ridotto rispetto agli esemplari dotati di tecnologia on/off perché la potenza si adatta all'effettiva necessità, riducendo i cicli di accensione e spegnimento.

[14] Per approfondire l'etichetta energetica di un climatizzatore e le novità normative degli ultimi anni, rinviamo a www.efficienzaenergetica.enea.it/servizi-per/cittadini/interventi-di-efficienza-e-risparmio-energetico-nelle-abitazioni/etichetta-energetica/etichetta-energetica-apparecchi/l-etichetta-energetica-per-i-climatizzatori-dell-aria.html

nutenzione: un impianto perfettamente funzionante consuma meno[15].

## Che luce (naturale)!

Prima di pensare a come sfruttare quella artificiale, bisogna saper valorizzare la luce diretta del sole. Tende e tapparelle sono importanti alleati non solo quando si parla di climatizzazione. Sono fondamentali per dosare luce e ombra, evitare abbagliamenti. È indicato studiare anche il posizionamento degli arredi in base all'ubicazione delle finestre. Un esempio? Ricordiamoci che la scrivania non va nell'angolo buio della stanza!

## Energie rinnovabili per la casa

Abbiamo visto una serie di esempi di efficienza energetica, anche detta "energia bianca", espressione che ci ricorda come la prima fonte pulita sia quella che non viene prodotta.

Senza energia è però impossibile vivere (per quanto il fabbisogno può davvero ridursi con gli accorgimenti giusti). Come ricorda la UE, un importante contributo alla lotta al cambiamento climatico avviene grazie alle fonti rinnovabili, alcune delle quali possono essere utilizzate anche per alimentare direttamente singoli edifici.

Sono esempi di energie verdi per la casa:

— il solare termico (per l'acqua calda sanitaria, ovvero quella utilizzata per lavarsi e per alimentare i termosifoni);

[15] www.enea.it/it/Stampa/news/energia-10-consigli-enea-per-ridurre-i-consumi-e-i-costi-dei-condizionatori

— il solare fotovoltaico (per generare energia elettrica dal sole);
— il microeolico (per produrre energia elettrica grazie al vento);
— la geotermia (grazie alla quale si genera calore dal sottosuolo).

## Come risparmiare acqua in casa

L'accesso all'acqua potabile e ai servizi igienico-sanitari è stato inserito dall'ONU nel 2010 tra i diritti umani fondamentali. A distanza di poco più di dieci anni da questa risoluzione, però, ancora oggi, per circa una persona su tre sul pianeta, è un servizio scarsamente accessibile[16].

Di tutto ciò, nel Belpaese, fatichiamo a rendercene conto. L'Italia può vantare un'ottima acqua potabile, per qualità siamo quinti in Europa[17], eppure siamo il primo Paese nel continente e il terzo sulla Terra per consumo di acqua in bottiglia.

Solitamente la grande disponibilità non porta ad agire in maniera consapevole. L'acqua è un bene che non dobbiamo dare per scontato e che bisogna imparare a proteggere. Anzi, la quantità e la qualità dell'acqua sono fortemente soggette ai cambiamenti climatici[18] e per questo dovremmo tutti impegnarci nel salvaguardare l'oro blu.

Ecco qualche buona pratica casalinga che possiamo adottare fin da subito.

Quando usate la lavatrice o la lavastoviglie ricordate di azionarle solo a pieno carico e senza prelavaggio (magari sosti-

[16] Fonte: rapporto 2019 UNICEF-OMS su acqua e igiene, www.unicef.it/media/rapporto-unicef-oms-1-bambino-su-3-senza-accesso-ad-acqua-sicura/

[17] www.greenme.it/consumare/acqua/acqua-potabile-irsa/

[18] www.asvis.it/goal6/home/392-5261/i-cambiamenti-climatici-influenzeranno-disponibilita-qualita-e-quantita-di-acqua

tuendolo con un rapido preammollo in una bacinella): risparmierete acqua ed energia elettrica.

Per pulire i pavimenti potreste utilizzare l'acqua che esce dai climatizzatori o quella dell'asciugatrice. Quella che rimane dopo aver sciacquato le verdure, potrà essere reimpiegata per annaffiare le piante (su questo diremo di più nel paragrafo successivo dedicato al balcone). Mentre l'acqua della pasta? È ottima per detergere i piatti.

Quando ci si lava i denti, ricordiamoci di chiudere il rubinetto e, per lo sciacquo, adottiamo la buona pratica di utilizzare un bicchiere.

Certamente una delle attività più rilassanti dopo una giornata di stress è immergersi in una vasca piena di acqua calda, ma qual è il prezzo ambientale di questo gesto? Si stimano 150 litri di acqua consumata[19]. Volete ripiegare per una più economica ed ecologica doccia? Sappiate che dal soffione sopra la vostra testa possono sgorgare anche 15 litri di acqua[20] al minuto e quindi, fatti i dovuti calcoli, una doccia di 10 minuti "peserebbe" quanto un bagno. Un piccolo trucchetto per cronometrare la durata della doccia? Una bella cantata, ma evitate *Bohemian Rhapsody*: nove minuti sono troppi e voi non siete Freddie Mercury.

## Un balcone amico dell'ambiente

Per molti è quella stanza in più in cui rifugiarsi al primo raggio di sole o dove, è proprio il caso di dirlo, *coltivare* le

[19] www.focus.it/ambiente/ecologia/22032010-1549-222-sai-quanta-acqua-consumi

[20] Ai rubinetti e alle docce di casa inoltre è possibile applicare dei sistemi rompigetto che riducono l'erogazione di litri al minuto.

proprie passioni. Parliamo di balconi e terrazzi che possono essere gestiti in maniera del tutto sostenibile.

Per annaffiare le piante, potreste utilizzare l'acqua avanzata dal pulire le verdure o addirittura raccogliere, con secchi e bacinelle, l'acqua piovana (meglio se coperta da retine per evitare il proliferare di zanzare).

Per quanto riguarda il concime, potreste prediligere fertilizzanti organici o realizzare delle piccole compostiere da balcone[21] che trasformeranno gli scarti di frutta e verdura in un potente ammendante naturale.

Dal terrazzo vi entrano in casa le formiche? Ricorrete al vecchio trucco dei fondi del caffè: terrete a bada i famosi insetti in maniera naturale e senza usare pesticidi chimici che rischiano di mettere in pericolo le vostre coltivazioni e altri animali fondamentali per il pianeta come le api.

### Un ristoro per le api

Oltre a donarci il miele, le api aiutano l'impollinazione delle piante e quindi la coltivazione di frutta e verdura. A causa di pesticidi, inquinamento e cambiamenti climatici la sopravvivenza di questi preziosi insetti è seriamente messa in pericolo. Un piccolo aiuto che chiunque può dare è ricreare per loro sui balconi mini oasi di pace. Consigliamo di seminare, di stagione in stagione, i fiori che forniscono alle api il nettare necessario alla loro sopravvivenza: a primavera potreste piantare rosmarino ed erba cipollina, in estate scegliete la calendula, la lavanda, il basilico e la salvia mentre in autunno potreste optare per il topinambur.

[21] È possibile realizzarne anche di piccole, da vaso: www.youtube.com/watch?v=1zhyFQ3WbUA&t

Perché poi non dare ristoro anche a qualche uccellino? Si possono appendere delle casette per volatili per favorire la nidificazione e magari, nei mesi più caldi, far trovare loro un po' d'acqua sempre a disposizione.

## Micro orto per grandi soddisfazioni

Come iniziare a fare il contadino fra le mura domestiche?

È opportuno scegliere coltivazioni di vegetali che solitamente utilizziamo in cucina in modo da averle a disposizione a metri zero. Alcuni esempi? Se non avete molto spazio a disposizione potreste esordire con una pianta di fragole (quando di stagione) o di peperoncini o con qualche erba aromatica come quelle indicate *supra* amate dalle api. Ove possiate "allargarvi", potreste optare per pomodori, cetrioli, zucchine o melanzane, ravanelli, sedano o addirittura alberi da frutto come i limoni.

## *Regrowing*: i vegetali rinascono dagli scarti di cucina

Se pensate che per iniziare a coltivare l'orto sia necessario acquistare semi o piantine, vi diamo una notizia: è possibile partire dagli scarti della cucina[22]. In inglese questa pratica si chiama *regrowing* e va sempre più di moda.

Ecco qualche esempio. A pranzo mangiate insalata? Lasciate la base del cespo (circa 3 centimetri), ponetela in un bicchiere cambiando l'acqua una volta al giorno. Dopo un paio di settimane potrete vedere spuntare nuovamente l'insalata.

Amate l'aglio? Piantate gli spicchi nel terreno: dopo poco vedrete spuntare le nuove piante. Patate germogliate? Che ri-

[22] www.autoproduciamo.it/orto-degli-scarti-di-verdure/

sorsa! Tagliatele e ponetele in vasi profondi almeno 50 centimetri: man mano che le nuove piantine cresceranno, potrete continuare a versare la terra. Quando le foglie ingialliranno, potrete scavare alla ricerca dei nuovi tuberi.

Con piante aromatiche come basilico e prezzemolo, basterà raccogliere i semi! Il resto, ovvero le piante, verranno da sole con un po' di terra, acqua e raggi solari.

## Come arredare casa in maniera sostenibile e low cost

Arredare una casa è un'esperienza che non si limita semplicemente al "riempimento" di stanze e ambienti. Si tratta di individuare gli oggetti che costituiranno la scenografia della nostra vita domestica e che saranno al nostro servizio per un periodo, si spera, lungo.

Partiamo da un elenco di soluzioni sicuramente low cost e green.

Quante cantine di genitori e parenti son piene di mobili e suppellettili riposti in un armadietto? Ciò che per gli altri è divenuto un impiccio, nelle nostre case può trovare nuova vita.

La caccia al tesoro in famiglia non ha avuto i risultati sperati? Non preoccupatevi: sul web, Facebook *in primis*, esistono diversi gruppi (il cui nome solitamente è *Te lo regalo, se te lo vieni a prendere* a cui va aggiunto il nome del luogo ove si risiede), radicati nel territorio di varie città, in cui le persone che hanno intenzione di disfarsi di oggetti vari li offrono in dono. Ai fortunati che ottengono l'assegnazione degli oggetti spetta solo l'onere di recuperarli a propria cura e spese. Cucine, tavoli, piante, libri, sono all'ordine del giorno. Basta solo saper aspettare e prenotarsi sperando di essere scelti.

Se tutte le soluzioni a costo zero non vi hanno consentito di completare l'arredo di casa, esiste un passaggio intermedio prima di entrare in un mobilificio: i negozi di oggetti di seconda mano[23]. Anche questo settore si è evoluto ed è andato oltre lo spazio fisico tradizionale: alle classiche vetrine si sono infatti affiancate quelle virtuali. Molti mercatini, siano essi indipendenti o associati a una rete di franchising, offrono vendite anche online che consentono ai clienti di trovare facilmente ciò che a loro serve.

Se pensate che tutto ciò sia solo per il risparmio economico, siete fuori strada. Un fattore che spinge molte persone a entrare in un negozio dell'usato è il cambio di mentalità, il passaggio dalla cultura del possesso a quella dell'utilizzo e alla consapevolezza che il miglior rifiuto è sempre quello che non viene prodotto.

Acquistare oggetti usati[24] consente infatti di allungare la vita a mobili ed elementi di arredo. Il colore non ci convince? Potremo impiegare una parte del budget risparmiato per far cambiare colore o adattare l'oggetto alla nostra abitazione grazie al supporto di sapienti artigiani.

[23] Solitamente oramai di grandi dimensioni, questi punti vendita hanno un'esposizione che comprende elettrodomestici, mobili di ogni tipo e dimensione e tutto quel che serve in casa, dai servizi di piatti ai soprammobili. Spesso poi, come per i classici esercizi commerciali, sono forniti servizi accessori come trasporto e montaggio.

[24] Oggi andare a fare shopping nei negozi dell'usato è diventato alla moda. Drew Barrymore e Julia Roberts, ad esempio, sono due fra le tante star a dedicarsi allo shopping di seconda mano. Anche in Italia il mercato del riuso si è espanso a macchia d'olio su tutto il territorio e i numeri lo testimoniano: secondo i dati dell'osservatorio *Second hand economy* realizzato da Doxa, in Italia nel 2018 il fatturato dei beni usati si è assestato a 23 miliardi di euro, contro i 21 miliardi dell'anno precedente, facendo segnare una crescita del 28% nel corso del quinquennio precedente. www.economiacircolare.com/10-motivi-per-frequentare-assiduamente-i-negozi-dellusato/

Per tutto ciò che invece è nuovo, prestate attenzione alle certificazioni, ai materiali e ai luoghi di produzione. Ad esempio per i mobili esistono marchi che ci consentono di conoscere la filiera sostenibile del legno[25]. Vi sono manufatti che sono realizzati riciclando materie prime seconde, in altri casi si potrà fare la differenza scegliendo, quando possibile, un bene locale che non avrà attraversato uno o più continenti per giungere a noi.

*Sostenibilità in 280 caratteri*

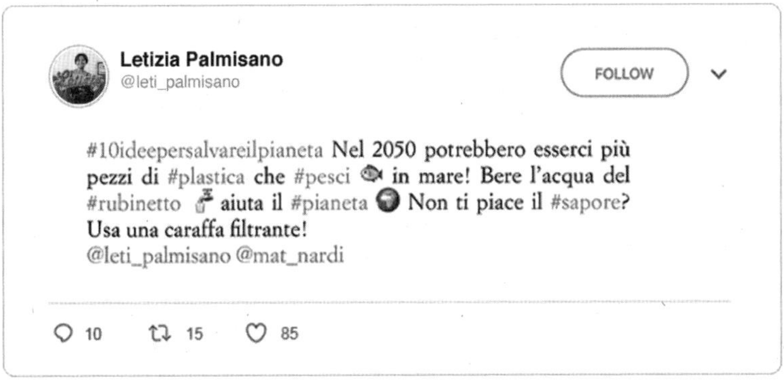


[25] Per saperne di più sulle certificazioni forestali si veda il capitolo 8 «Un futuro all'ombra» di Matteo Nardi.

Letizia Palmisano
@leti_palmisano

FOLLOW

#10ideepersalvareilpianeta La prima fonte di energia pulita è che non viene prodotta! In casa scegliamo apparecchi 🔋 che garantiscono un #risparmioenergetico 💡 e stiamo attenti ai nostri comportamenti: l'#efficienzaenergetica parte da noi 🔌
@leti_palmisano @mat_nardi

14 19 93

Letizia Palmisano
@leti_palmisano

FOLLOW

#10ideepersalvareilpianeta Su balconi e davanzali più #piante per le #api: ad esempio erbe aromatiche come rosmarino o salvia, meravigliosi fiori come girasoli, calendule e crisantemi renderanno più belle le nostre case e daranno nutrimento alle api 🐝
@leti_palmisano @mat_nardi

37 39 170

# 2. Mangiare sano fa bene a te e al pianeta

di Matteo Nardi

«L'uomo è ciò che mangia».
Ludwig Feuerbach

Quanti di noi oggi sanno realmente cosa mangiano? Chiunque posto di fronte a questa domanda potrebbe rispondere "un piatto di pasta", "dell'insalata" o magari "un hamburger" o "un'insalata di riso" e così via, ma quanti saprebbero descrivere con precisione gli ingredienti che compongono la propria pietanza, da dove vengono e come sono stati cucinati?

La ristorazione e l'industria agroalimentare moderna hanno permesso agli uomini di tutto il mondo di gustare piatti dai sapori eccezionali con un livello di elaborazione mai raggiunto prima d'ora: possiamo provare piatti esotici e frutti tropicali, mangiare tutta la vita senza mai dover coltivare la terra, perfino senza cucinare e restando sempre comodamente seduti nel nostro salotto. Ma qual è il prezzo di questa rivoluzione?

## L'impatto dell'industria agroalimentare

Quella agroalimentare è ovviamente tra le attività portanti dell'economia mondiale, da cui dipende la sopravvivenza di miliardi di esseri umani. Di conseguenza è anche una delle catene di produzione più energivore e purtroppo più ricche di sprechi e contraddizioni. Secondo l'IPCC (Intergovernmental Panel on Climate Change), dagli anni '60 in poi, l'offerta alimentare disponibile mediamente per ogni essere umano è aumentata del 30% e con essa i consumi di risorse idriche per l'irrigazione, di oltre il 100%. Tuttavia, si stima che quasi un miliardo di persone siano attualmente denutrite, 151 milioni di bambini sotto i cinque anni soffrano di rachitismo, 613 milioni di donne e ragazze di età compresa tra 15 e 49 anni mostrino carenza di ferro. Di contro, 2 miliardi di adulti sarebbero obesi o in sovrappeso.

Per quanto riguarda l'impatto ambientale della produzione di cibo, circa il 21-37% delle emissioni totali di gas serra è attribuibile alla filiera nel suo complesso, dall'agricoltura all'uso del suolo, dalla conservazione e stoccaggio al trasporto, dall'imballaggio alla vendita fino anche al consumo. È probabile però che, senza intervento, la quantità di emissioni cresca di circa il 30-40% entro il 2050, a causa dell'aumento di popolazione[26].

## Come incidono le emissioni sul settore agroalimentare

Prima di capire come poter intervenire, è necessario tuttavia continuare a delineare i confini del problema e sapere in particolare cosa dobbiamo aspettarci nell'immediato futuro.

A fare le spese dell'aumento di $CO_2$, e quindi del cambiamento climatico generato anche dalla filiera agroalimentare, sarà prima di tutto la stessa filiera.

Tra i primi a essere colpiti vi saranno gli allevamenti di bestiame per via della minore produttività dei pascoli e quindi

[26] www.ipcc.ch/srccl/chapter/chapter-5/

della maggior fragilità degli animali, la cui salute sarà messa a rischio anche da una più alta esposizione agli stress termici. Allo stesso modo, la produzione di frutta e verdura risulta vulnerabile ai cambiamenti climatici, anche in scenari in cui non venga meno l'approvvigionamento di acqua (sappiamo bene quanto questa risorsa sia a rischio). Da un aumento della temperatura deriveranno infatti cali dei raccolti in termini di qualità e quantità, soprattutto nelle regioni tropicali e subtropicali.

Una prospettiva davvero preoccupante in cui a una riduzione quantitativa e qualitativa del cibo si affiancherà un aumento della popolazione[27] e una conseguente maggiore domanda di risorse alimentari.

## Cosa possiamo fare

Quando si tratta di cibo, le scelte dei consumatori possono davvero fare la differenza: se è vero che la filiera agroalimentare ha sprechi e consumi eccessivi in ogni singolo anello della catena, è altrettanto vero che ci sono tanti piccoli, grandi accorgimenti che possiamo adottare per ridurre la nostra personale impronta ecologica.

In un mondo basato sull'economia, la rivoluzione inizia dal carrello della spesa.

## Una mela al giorno, una bistecca al mese

Una dieta sana e sostenibile è il primo passo per contrastare la crisi climatica. Per cambiare rotta è fondamentale rimet-

[27] Si prevedono quasi 10 miliardi di persone nel 2050.

tere al centro dell'alimentazione la scelta critica, rinunciando alla rapidità e alla comodità. Quella europea (e soprattutto statunitense) è ad esempio un'alimentazione fortemente basata sul consumo di prodotti confezionati e derivati dagli animali. Eppure per produrre, ad esempio, anche pochi quantitativi di carne si devono coinvolgere ingenti risorse energetiche e idriche e sottrarre spazio all'agricoltura e alle foreste per coltivare i mangimi necessari a sfamare gli animali che verranno poi macellati.

Per ottenere un chilo di carne bovina si generano nello specifico 15,4 chili di $CO_2$, mentre per un chilo di lenticchie solo 0,7 chili[28]. Una differenza abissale, quindi, che deriva soprattutto dal modo in cui tali prodotti vengono realizzati.

Senza poter approfondire in questo contesto le questioni etiche legate al consumo di carne, è già evidente come una dieta carnivora non sia sostenibile dal punto di vista ambientale. Meglio prediligere un'alimentazione sana e a basso impatto ambientale, come quelle con un alto contenuto di cereali, legumi, frutta e verdura, ma anche noci e semi[29].

### Pensare globalmente, comprare localmente

«La spesa dovrebbe tornare a essere un momento importante delle nostre vite, invece di essere uno dei tanti tra la palestra e il cinema: finché acquisteremo il cibo come faremmo in un fast food, non riusciremo a fare del bene a noi stessi e

[28] www.wwf.ch/it/i-nostri-obiettivi/carne-e-latticini

[29] Anche le imitazioni di neo-carne e perfino gli insetti potrebbero in un futuro prossimo aiutare nella transizione verso diete più sane e sostenibili, ma a oggi le impronte di carbonio di questi alimenti hanno bisogno di essere ancora studiate.

men che meno all'ambiente», mi racconta Lorenzo Lombardi, giornalista ambientale ed esperto di alimentazione sostenibile.

Le nostre sono ormai sempre più delle "vite di corsa", come ci ricorda l'antropologo Zygmunt Bauman: le giornate lavorative sembrano a volte dilatarsi senza sosta, lasciandoci il tempo di fare la spesa solo online o nei supermercati aperti h24. Comodità non da poco, certo, ma che ci fanno perdere di vista l'importanza della spesa come momento straordinariamente connesso con la nostra salute e l'ambiente.

Cambiare rotta è un percorso che va iniziato a piccoli ma efficaci passi: provate a prendervi il tempo per andare a un mercato agricolo, scegliete prodotti locali con una filiera più corta possibile, trovate produttori che coltivino la terra nei parchi, optate per alimenti con poco packaging o del tutto sfusi, selezionate sempre ingredienti stagionali.

## Le certificazioni

Se rifornirsi nei piccoli mercati non fa al caso vostro e il vostro stile di vita vi impone di fare spesso riferimento alla grande distribuzione, la scelta dovrà essere ancora più attenta: acquistare cibo sostenibile nei supermercati è infatti possibile, soprattutto grazie alle certificazioni ottenute da alcuni prodotti che possiamo individuare grazie a piccoli loghi stampati sulle confezioni.

Tra i più conosciuti e ricercati, c'è prima di tutto il logo Biologico dell'UE che caratterizza, appunto, i prodotti biologici dell'Unione Europea, ovvero quelli lavorati senza l'utilizzo di sostanze chimiche artificiali come concimi, diserbanti, anticrittogamici, insetticidi né OGM, Organismi Geneticamente Modificati. Criteri simili possono essere applicati anche agli allevamenti e quindi ai prodotti di origine animale, qualora vengano utilizzati mangimi ottenuti da agricoltura biologica.

Per acquistare sia nel rispetto dell'ambiente che dei lavoratori bisogna cercare il marchio Fairtrade: dalle banane al caffè, dal cioccolato alle t-shirt, contraddistingue i prodotti sostenibili ambientalmente e socialmente.

Fairtrade è un'organizzazione internazionale che opera nel campo del commercio equo e solidale: in particolare lavora per migliorare le condizioni dei lavoratori agricoli dei Paesi in via di sviluppo, attraverso standard molto severi.

Altro settore su cui è molto importante fare una spesa attenta è quello del pesce. Sulla pesca infatti ci sono diversi studi e indagini[30] secondo i quali quella industriale non potrebbe essere, per definizione, sostenibile. In ogni caso, come per la carne, il primo passo è ridurre al minimo il consumo di pesce ed in più scegliere quello che riporta le certificazioni di sostenibilità. Quella più riconosciuta a livello internazionale è senz'altro la certificazione MSC rilasciata dal Marine Stewardship Council, un'organizzazione internazionale non-profit nata con lo scopo di garantire l'approvvigionamento di prodotti ittici anche per il futuro. Per ottenere il marchio MSC, i prodotti devono avere una filiera tracciabile e controllata, grazie ad una pesca regolata da standard sviluppati in collaborazioni con esperti. Tra i criteri ci sono quelli che consentono agli stock ittici di essere sempre sufficienti al mantenimento della popolazione potenzialmente all'infinito.

Altra certificazione da tenere presente è l'ASC (Aquaculture Stewardship Council) ovvero l'equivalente per il pesce da allevamento del marchio MSC. Anche in questo caso le aziende certificate affermano di rispettare le norme sociali ed ecolo-

[30] Si veda a questo proposito il documentario Seaspiracy disponibile su Netflix, diretto e interpretato da Ali Tabrizi.

giche e di garantire la protezione delle mangrovie e delle zone umide.

## Packaging sostenibile

Il rifiuto più sostenibile è quello che non viene prodotto, e questo è un dato di fatto. Purtroppo però quando si fa la spesa può risultare difficile selezionare cibi sfusi o privi di packaging secondario. Per questo è fondamentale privilegiare quelli che possiedono le confezioni più sostenibili, anzitutto provando a evitare la plastica. Esistono infatti diverse alternative, dalla bioplastica alla carta, che ci consentono di avere un impatto ambientale nettamente inferiore. Come anche altri prodotti di cellulosa, la bioplastica se conforme a tutte le norme è compostabile e può essere quindi conferita nella raccolta differenziata dell'umido, per tornare alla terra sotto forma di compost (dopo trattamento in appositi impianti quindi non deve essere in nessun caso dispersa nell'ambiente). Anche gli imballaggi a base di carta e cartone, realizzati con materie prime certificate e provenienti da foreste gestite in modo sostenibile, rappresentano una scelta lungimirante ed ecologica da parte delle aziende, al contrario di quelli in plastica, responsabili del 4% della produzione petrolifera globale.

Quindi sì alla carta, ma solo se è carta certificata da organismi che ne verifichino la sostenibilità come PEFC (Programme for the Endorsement of Forest Certification schemes) o FSC (Forest Stewardship Council). Queste due sigle rappresentano infatti il bollino di qualità rilasciato dai più importanti enti al mondo in materia di difesa delle foreste e consentono di avere la certezza che la carta provenga da boschi e foreste gestite in modo responsabile e legale.

La scelta del packaging in carta deve infatti essere accompagnata da un importante controllo della filiera di produzione, altrimenti anche la carta, apparentemente più sostenibile di altri materiali, rischia di essere un boomerang per l'ambiente: i traffici e le attività illegali nel settore foresta-legno fruttano alla criminalità mondiale tra 30 e 100 miliardi di euro ogni anno[31] e almeno il 20% delle importazioni di prodotti di origine forestale nella UE sono senza tracciabilità. L'Italia è un grande importatore di legno e di cellulosa, anche da Paesi dove sono in atto fenomeni di degrado delle foreste, connessi con i tagli illegali: la certificazione è uno strumento in grado di garantire che il legno e i suoi derivati vengano esclusivamente da foreste e piantagioni gestite in modo sostenibile.

### Il fatto che una confezione sia riciclabile, non vuole dire che sarà riciclata

Sempre più spesso capita di imbattersi in beni che, con scintillanti etichette color verde, vantano di essere riciclabili al 100%. A parte il fatto che nel 2021 questo dovrebbe essere la normalità e non una caratteristica di cui vantarsi, ma soprattutto si deve tenere conto che se un prodotto è riciclabile non significa che sarà riciclato. Per quanto la raccolta differenziata abbia fatto importanti passi avanti (l'Italia in questo senso è un'eccellenza del panorama europeo) non tutto infatti è intercettato e avviato a effettivo riciclo. La plastica inoltre non può essere riciclata all'infinito (come accade invece per materiali permanenti quali il vetro e l'alluminio) e con un processo di cosiddetto *downcycling* la materia prima seconda viene via via utilizzata per prodotti di qualità inferiore, fino a diventare non

[31] Rapporto *Ecomafia* 2016 di Legambiente.

più riciclabile. La raccolta differenziata del packaging alimentare, seppur fondamentale, deve restare quindi l'ultimo step di una vita vissuta all'insegna della riduzione a monte dei rifiuti prodotti.

## Lottare contro gli sprechi

Mangiare in modo sostenibile significa anche ridurre il più possibile gli sprechi di cibo. Circa un terzo degli alimenti prodotti per consumo umano in tutto il mondo vengono sprecati ogni anno[32], quasi 1,6 miliardi di tonnellate[33] di cibo che potrebbero sfamare milioni di persone. Una perdita insostenibile dal punto di vista etico e ambientale. Per limitare questi sprechi è utile assumere atteggiamenti virtuosi prima di tutto in cucina, gestendo le risorse a disposizione in modo intelligente e attento, ma anche sostenere quei progetti che ogni giorno lavorano per ridurre gli sprechi in ogni fase della filiera agroalimentare. Tra questi Too Good To Go, l'app nata nel 2015 in Danimarca e presente dal 2019 anche in Italia che permette di attivarsi direttamente nella lotta contro gli sprechi. Basta scaricarla e registrati gratuitamente per poter acquistare a un costo simbolico il cibo rimasto invenduto (ma ancora buonissimo) nei bar, ristoranti e supermercati aderenti.

[32] www.fao.org/3/a-i2697e.pdf

[33] www.bcg.com/publications/2018/tackling-1.6-billion-ton-food-loss-and-waste-crisis.aspx

**Matteo Nardi**
@mat_nardi

FOLLOW

#10ideepersalvareilpianeta Mangiare sano fa bene a te e al pianeta: scegli prodotti di stagione, locali e a filiera corta. Al supermercato cerca cibi la cui sostenibilità sia certificata, possibilmente sfusi o con un packaging sostenibile
@mat_nardi @leti_palmisano 🍴

17 12 76

# 3. Sostenibilità a misura di bambini

di Letizia Palmisano

«Il mio nome è Greta Thunberg, ho quindici anni e vengo dalla Svezia. Molte persone dicono che la Svezia sia solo un piccolo Paese e a loro non importa cosa facciamo. Ma io ho imparato che non sei mai troppo piccolo per fare la differenza. E se pochi bambini riescono ad avere titoli sui giornali in tutto il mondo solo facendo uno sciopero a scuola, immaginate cosa potremmo fare tutti insieme se solo lo volessimo veramente».

Greta Thunberg, attivista contro il cambiamento climatico e per lo sviluppo sostenibile[34]

## Naturalmente green

La nascita di un figlio è un evento meraviglioso e spiazzante. Quando siamo in dolce attesa sentiamo che tutto sta per cambiare, vorremmo conoscere il futuro e prepararci al meglio[35]. In particolare con i primi movimenti del bebè, ini-

[34] Citazione tratta dal discorso di Greta Thunberg alla conferenza sul clima Cop 24 di Katowice (Polonia) nel 2018.

[35] "Per crescere un bambino ci vuole un intero villaggio". Una volta le famiglie erano piccole comunità formate da tante generazioni diverse: si viveva vicino ai propri parenti e i fratelli e cugini più grandi crescevano quelli più piccoli. Al giorno d'oggi la situazione è assai diversa: nella nostra società i bambini sono sempre più di frequente figli unici, molti neogenitori arrivano alla nascita senza aver mai cullato un neonato né cambiato un pannolino.

ziano anche angosce e… acquisti. Travolti dall'emotività del momento o sotto la guida del venditore di turno, siamo spinti a comprare oggetti convinti che siano essenziali per la sicurezza o addirittura per la sopravvivenza del nascituro[36].

Spesso molti oggetti finiscono così per essere accumulati anzitempo, senza sapere nemmeno se saranno utili. Tutto ciò ha un impatto sul portafoglio, sull'ambiente e anche sullo spazio in casa (raramente illimitato).

Eppure, anche per gli oggetti realmente indispensabili, si possono scegliere tra più alternative: vi riportiamo dunque alcune delle possibili scelte eco-friendly, ricordando comunque che la prima grande regola da seguire è quella del buon senso. Nessuno dei nostri consigli riguarderà aspetti in ambito sanitario[37] che in ogni caso dovrebbero essere affrontati dagli specialisti come medici, pediatri, ostetrici. Esistono in questo senso lungo la Penisola molteplici strutture che ospitano percorsi nascita e crescita[38], luoghi nei quali gli esperti pre e

[36] Secondo i dati diffusi da Ferconsumatori, il costo del mantenimento di un bambino nel primo anno di vita varia da 7.063,04 euro a 15.537,02 euro (stime 2019). La buona notizia? Dei beni considerati, non tutti sono necessari e molti (come rileva la stessa associazione dei consumatori) sono acquistabili sul mercato dell'usato. Fonte: www.federconsumatori.it/news/foto/20Settembre2019Caro%20bimbo.pdf

[37] Ciò vale in questo come negli altri capitoli, ma lo sottolineiamo qui perché neogenitorialità e infanzia sono momenti particolarmente delicati.

[38] Sono varie (anche se mai abbastanza) le strutture lungo la Penisola che ospitano i cosiddetti percorsi nascita. Sono gratuiti quelli all'interno dei consultori, ove equipe composte da esperti quali ostetrici, psicologi, infermieri e pediatri organizzano dei corsi preparto che guidano la mamma, e in generale i genitori, a conquistare una maggior consapevolezza della gravidanza. In alcune strutture la famiglia viene seguita, attraverso i percorsi crescita, anche nei primi 12 o 18 mesi di vita del bebè. Grazie al supporto prezioso ottenuto è possibile spesso scoprire cosa sia essenziale e cosa superfluo.

neonatali potranno dare consigli proprio su ciò che sia utile o sostituibile con oggetti di uso comune.

## In dolce attesa, che mi metto?

Non è raro che una donna in dolce attesa sia subissata di suggerimenti (e di pubblicità) rispetto a cosa indossare nel corso di quei pochi mesi; eppure acquistare nuovi abiti premaman non è certo un obbligo. Spesso basterà ripiegare su modelli sportivi o vestiti ampi e morbidi che potranno essere utilizzati anche in futuro.

In alternativa, si può chiedere in prestito qualche capo alle amiche già diventate mamme o andare in uno dei tanti negozi dell'usato specializzati in prima infanzia (neomamme incluse).

## Allattare è naturale (ma non è sempre facile iniziare)

«Il tuo latte è l'alimento naturale per il tuo bambino, l'unico che gli permetta di raggiungere il suo massimo potenziale biologico: lo nutre in modo completo e lo protegge da molte malattie e infezioni che sono più frequenti nei bambini alimentati con le formule artificiali.

Il latte materno è sempre pronto, a… "millimetro zero", alla giusta temperatura e varia adattandosi per rispondere ai bisogni del tuo bambino. Non c'è bisogno di altri alimenti o bevande fino a sei mesi compiuti. L'allattamento aiuta il piccolo a crescere e svilupparsi in modo fisiologico e mantiene il suo valore nel tempo[39]».

[39] www.salute.gov.it/imgs/C_17_opuscoliPoster_303_allegato.pdf

Questo è quanto recita l'opuscolo (scaricabile gratuitamente in formato pdf) *Allattare al seno: un investimento per la vita* divulgato dal Ministero della salute.

Il latte materno è l'alimento perfetto, *zero waste*, gratuito e subito a disposizione perché, senza necessità di alcuna preparazione, è già pronto all'uso ovunque siate. Queste caratteristiche, unitamente ai benefici per la mamma e il pargolo, vengono ribadite anche dall'Organizzazione Mondiale della Sanità[40].

A oggi, però, sono tanti i neonati che, in tutto o in parte, assumono latte artificiale. In alcune situazioni questa scelta può dipendere da problemi di salute della mamma o del bambino che impediscono l'allattamento materno. Sono però molti i casi in cui l'assunzione del latte materno viene ostacolata da difficoltà che, con un'adeguata guida o preparazione, sarebbero state prevenibili o superabili.

## Imparare ad allattare

Se allattare può sembrare naturale (siamo mammiferi!), non vuol dire che una mamma lo sappia subito fare e quindi chiariamo: è una pratica che si impara.

Come si tiene il bambino? Come si favorisce la suzione? Il seno è a posto[41]? Cosa devo fare per avere sempre il latte e per far sì che non abbia un sapore sgradevole?

Parlarne prima del parto con dottori, ostetrici e infermieri potrà essere un primo passo fondamentale. Alla nascita poi, ove si riscontrassero problemi iniziali, è bene chiedere l'assi-

[40] www.who.int/pmnch/media/news/2016/breastfeeding_brief.pdf

[41] Cosa che di solito si può verificare prima della nascita, magari durante una visita ostetrica o ginecologica.

stenza di qualcuno che supervisioni le prime poppate. Molto probabilmente arriveranno consigli utili anche per stare più comode.

## Creme, detergenti e...

Sono tanti i prodotti, come quelli per la cosmesi, che sin dai primi mesi di vita del pargolo sembrano irrinunciabili. Lo sono davvero? In che misura? Ostetrici e ginecologi sapranno consigliarvi nel migliore dei modi senza farvi uscire da un negozio con un carrello pieno. In ogni caso è bene essere consapevoli delle sostanze che ipotizziamo di spalmare sulla pelle. Un valido aiuto viene da Ecobiocontrol, portale che vi insegnerà a leggere qualsiasi composizione, più propriamente INCI, di cosmetici e detergenti[42].

Avrete quindi modo di scoprire le tante alternative di ecobiocosmesi (e ecobiodetergenza) in commercio con un INCI 100% green.

Anche di fronte ai prodotti migliori c'è sempre da porsi una domanda: serve veramente?

Ad esempio un bebè di poche settimane passa gran parte del tempo in un luogo protetto e pulito. Come può sporcarsi? Il ba-

[42] La catalogazione degli ingredienti cosmetici, libera e gratuita, è effettuata da un team di chimici e da Fabrizio Zago, chimico industriale e consulente di Ecolabel. Da anni mette a disposizione il suo sapere sul portale www.ecobiocontrol.bio. All'interno del portale sono censite circa 20.000 sostanze. Per avere una valutazione basterà inserire il nome del singolo eccipiente presente sull'etichetta: partendo dal nero passando dal doppio rosso e giù via fino al doppio verde avrete un semplice e chiaro giudizio sulle sostanze che compongono la crema, il balsamo o il sapone che state per utilizzare. INCI è l'acronimo di International Nomenclature of Cosmetic Ingredients.

gnetto diviene quindi un momento di relax: tiepido d'inverno, rinfrescante l'estate e non sarà necessario utilizzare bagnoschiuma e shampoo, ma basterà ricorrere a un cucchiaino di amido di riso, asciugando poi il bambino con un asciugamano.

### La seconda mano degli oggetti dedicati ai bambini

Sono talmente tanti gli oggetti che si usano poco (o nulla) nel periodo che intercorre dall'infanzia alla fanciullezza che buttarli sarebbe un peccato e si creerebbe una montagna di rifiuti (o di oggetti accatastati in soffitta).

Per questo sempre più persone barattano, regalano, vendono e comprano beni di seconda mano. Dall'arredo al guardaroba, è oggi possibile avere tutto gratis o low cost[43]. Vi sono ad esempio gruppi Facebook nei quali regalare di tutto (come abbiamo già avuto modo di approfondire nel capitolo 1 «Una casa a minimo impatto») o, in alternativa, esistono siti attraverso i quali effettuare il baratto asincrono[44]: si caricano dei prodotti che si spediranno a chi li acquisterà ottenendo in cambio crediti da utilizzare sulla piattaforma.

Per chi preferisce invece vivere un'esperienza offline sono tanti i negozi specializzati nell'usato di qualità per bambini: capi firmati ancora perfetti (addirittura con il cartellino attaccato), lettini, fasciatoi, giocattoli, libri, svettano solitamente ordinati e puliti, pronti per essere adottati, usati e, se ancora in buone condizioni, riportati in negozio.

[43] Un bellissimo libro sul tema è G. Cozza, *Bebè a costo zero*, Il leone verde edizioni, Torino 2016.

[44] www.economiacircolare.com/ora-il-baratto-viaggia-sul-web-dagli-oggetti-alle-case-per-le-vacanze/

## Dallo svezzamento alle merende: occhio agli ingredienti e viva il fai da te

Lo svezzamento è uno dei cambiamenti più importanti nella vita di un bebè. Solitamente è il pediatra a indicare quando iniziare e a fornire una serie di indicazioni alimentari.

Seguire i suggerimenti del dottore è fondamentale, ma starà a noi scegliere le materie prime da utilizzare. Perché non prediligere quelle biologiche, locali e di stagione? Preparare i cibi in casa vi consentirà di essere certi sulla qualità e sulla provenienza degli ingredienti usati e i rifiuti, specie se si prendono alimenti sfusi come è possibile fare al mercato, saranno prossimi allo zero. Eviteremo così confezioni da buttare nella pattumiera. Se anche solo un pasto, infatti, provenisse da confezioni di omogeneizzati, in un anno avremmo buttato ben 365 barattolini[45] (confidiamo almeno nella raccolta differenziata).

Ricordate che i bambini, nello svezzamento, mangiano ancora molto poco, e quindi, quando l'alimento lo consenta, potreste porzionare le preparazioni e congelarle. Saranno così pronte all'uso e veloci come i cibi confezionati, con la differenza che li avrete fatti voi.

Questi criteri dovrebbero essere adottati a tutte le età, per i pasti principali come per le merende. Preparare da sé biscotti, crostate e torte inoltre regalerà un buon profumo alla casa.

[45] Su questo, come su molti aspetti per un'infanzia ecosostenibile, consiglio di leggere R. Imwinkelried - N. Pennati, *Primi passi verdi*, Altraeconomia edizioni, Milano 2011.

## Una tonnellata di pannolini in tre anni

Una delle azioni più ricorrenti nei primi anni di vita di un bambino è quella del sostituire un pannolino: è un gesto che si ripete cinque o sei volte al giorno, solitamente fino ai tre anni. Come spiega Roberto Cavallo nel libro *Meno 100 chili*[46], ogni cambio produce un rifiuto con un peso che varia dai 150 ai 250 grammi (per quello notturno) che, se moltiplicato per circa 6000 pannolini, crea una tonnellata di rifiuti!

Considerando che il miglior rifiuto è sempre quello che non viene prodotto, le alternative da proporre sono quelle che riducono o eliminano il pannolino[47]. La prima è la sostituzione con i modelli lavabili che sono assai diversi rispetto a quelli dei racconti delle nostre mamme: fortemente assorbenti e lavabili in lavatrice, disponibili in diversi formati e tessuti, sono caldamente consigliati da chi li ha provati. Come scrive Silvana Santo, nota sul web come mamma green, «[...] richiedono sicuramente impegno e dedizione, funzionano bene (pur non essendo la panacea di tutti i mali), convengono decisamente all'ambiente e al bilancio familiare. E sono belli. Pensateci![48]».

[46] R. Cavallo, *Meno 100 kg*, Edizioni Ambiente, Milano 2011, pp. 147-148.

[47] Se vi state chiedendo se i pannolini usa e getta siano riciclabili, la risposta è sì. Grazie un brevetto italiano, la FaterSMART insieme a Contarina Spa, ha realizzato in provincia di Treviso il primo impianto industriale in grado di trattare i prodotti assorbenti (pannolini inclusi) sottraendoli alle discariche e agli inceneritori. Sebbene sia fondamentale ridurre in generale la produzione di ogni rifiuto, è innegabile che una rete di tali impianti sul territorio potrà portare il recupero di notevoli quantità di materie prime seconde. www.letiziapalmisano.it/pannolini-e-assorbenti-sono-riciclabili-grazie-a-una-innovazione-made-in-italy/

[48] unamammagreen.com/pannolini-lavabili-la-mia-esperienza/

L'altro suggerimento è quello di iniziare a capire se il bambino ha già il controllo su pipì e pupù: tale momento, secondo l'accademia di pediatria americana, avviene tra i 18 mesi e i 2 anni e mezzo d'età. Potrete così anticipare lo spannolinamento: ogni mese "guadagnato" vi assicurerà un risparmio di circa 150-180 pannolini[49].

Vi è anche chi decide di non utilizzare affatto alcun pannolino adottando il sistema *Elimination communication:* armati di pazienza e spirito di osservazione, i genitori cercano di individuare i ritmi fisiologici dei figli e di leggerne il linguaggio del corpo per introdurre una precoce educazione al vasino. D'altronde in gran parte del pianeta non si ricorre di certo ai pannolini monouso.

## Giocare è naturale, può essere anche ecosostenibile

Di quanti giochi[50] ha bisogno un bambino? Infinitamente meno di quelli presenti nelle camerette che spesso esplodono di balocchi di ogni tipo.

È forse il caso di iniziare a puntare più sulla qualità che sulla quantità. Si potrebbero favorire doni realizzati con materiali naturali come, ad esempio, cartone, legno e stoffe che stanno tornando (fortunatamente) di moda. Vi sono poi costruzioni

[49] pediatrics.aappublications.org/content/103/Supplement_3/1362

[50] In merito ai giocattoli, le prime basilari regole da rispettare non riguardano direttamente la sostenibilità ma sono talmente fondamentali che è d'obbligo ricordarle. Va controllata la presenza di tutte le certificazioni di garanzia come il marchio CE, nome e indirizzo del produttore nonché dell'eventuale importatore europeo. È poi importantissimo che un bambino abbia giochi adatti alla sua età sia per evitare situazioni di pericolo sia per prevenire il senso di frustrazione dovuto all'impossibilità per il bambino di portare a termine il gioco.

in bio mais, libri e strumenti musicali, giochi educativi che aiutano a scoprire e rispettare la natura.

Si potrebbe poi spiegare ai bambini (quando siano nell'età giusta per comprendere) l'importanza dell'uso al posto del possesso. Ad esempio, desiderano nuovi giochi? Chiediamo loro di selezionare quelli che non usano più per regalarli o portarli insieme in un negozio dell'usato, dove magari sceglierne in cambio di nuovi. Una sorta di baratto tra giovani generazioni, molto utile per recuperare spazio in casa e insegnare ai nostri figli come si può fare la propria parte per il pianeta, giocando.

Inoltre, sono davvero tante le attività che si possono ideare in casa senza acquistare nulla. Ci si diverte impastando acqua, sale e farina. Si potrebbe realizzare un piccolo orto partendo da qualche seme che si possiede in casa o facendo germogliare un cespo di insalata (si parla di *regrowing*, come abbiamo detto nel capitolo 1 «Una casa a minimo impatto») o realizzare giochi utilizzando scatole, rotoli di carta igienica, calzini oramai inutilizzabili e tanto altro. La fantasia e qualche tutorial sul web saranno alleati formidabili.

Oltre ai giochi materiali è poi fondamentale ricordarci che per un bambino stare all'aria aperta[51] è sempre un'avventura nel corso della quale si può scoprire, ogni volta, un mondo nuovo, "amici" animali, insetti, piante, le mutazioni delle stagioni. Un bastone diventerà una spada, dei sassi o delle bellissime biglie potranno trasformarsi in meravigliosi gioielli.

[51] R. Imwinkelried - N. Pennati, *Primi passi verdi*, *ibid.*, cap. 5.

**Letizia Palmisano**
@leti_palmisano

FOLLOW

#10ideepersalvareilpianeta L'amore per un bebè non si misura sulla mole di oggetti che gli doniamo! Cerchiamo di capire ciò che è davvero utile (o superfluo). Impariamo a individuare le alternative più sostenibili: dall'alimentazione ai pannolini.
@leti_palmisano @mat_nardi

17 12 129

---

**Letizia Palmisano**
@leti_palmisano

FOLLOW

#10ideepersalvareilpianeta L'amore per il #pianeta 🌍 lo si insegna ai #figli dando il giusto esempio! Insegniamo loro il rispetto per la Terra, permettiamo loro di immergersi nella #natura passando del tempo all'aria aperta
@leti_palmisano @mat_nardi

12 9 88

# 4. Al servizio dei mezzi o dei mezzi al proprio servizio?

di Matteo Nardi

*«Movimiento es vida».*

*World War Z*, film del 2013 diretto da Marc Forster

Anche quando parliamo di mobilità, la nostra società ci offre una cornucopia variopinta di controsensi: ancora una volta il nostro stile di vita è dettato dalla necessità di spendere e consumare risorse.

Quante persone vanno ogni giorno con l'auto in palestra per poi correre sul *tapis roulant*? Quante restano bloccate nel traffico per ore per coprire un tragitto che avrebbero potuto percorrere a piedi? Quante ancora disperano di riuscire a trovare un parcheggio sotto l'ufficio che si trova nei pressi di una stazione della metro?

Vivere diversamente è tuttavia possibile, facile, soddisfacente e si può iniziare a farlo ora. Muoversi in modo più sostenibile significa risparmiare tempo, denaro e avere una mente e un corpo più sani.

## La situazione nel mondo

Nel mondo circolano in questo momento circa un miliardo e mezzo di autoveicoli: un'immensa flotta di lamiere, responsabile, insieme ai sistemi di riscaldamento, dell'80% delle emissioni di gas serra che sono attualmente concentrate all'interno delle metropoli. Percentuale impressionante ma destinata inevitabilmente a salire, dato che la maggior parte della popolazione vive e vivrà sempre di più nelle città, due terzi entro il 2050 secondo l'ONU[52].

I gas climalteranti non sono però gli unici nemici da temere. Le automobili emettono infatti diverse sostanze tra cui il PM10 e l'NOx che sono pericolose per l'uomo in modo ancora più immediato[53].

La sigla PM10 (*Particulate Matter*, particelle di particolato) indica delle minuscole particelle carboniose che hanno assorbito composti organici con un'alta massa molecolare e che vengono emesse da automobili e impianti di riscaldamento durante il processo di combustione. Tali particelle sono particolarmente cancerogene e in grado di provocare danni molto seri a tutto l'organismo che vi è esposto. Il numero 10 indica il diametro aerodinamico di 10 µm[54] e corrisponde quindi alla grandezza di tali particelle. All'interno del PM10 si trovano però anche particelle più piccole, quelle PM2,5, che mettono ancor di più a repentaglio la salute poiché capaci di penetrare molto più a fondo nell'apparato respiratorio. In generale stime recenti dell'Agenzia europea dell'ambiente identificano in più di 400.000 le persone che ogni anno muoiono prematuramen-

[52] population.un.org/wup/

[53] Ciò non vuol dire che la $CO_2$ non sia un gas pericoloso. L'anidride carbonica è infatti un gas tossico letale: a concentrazioni elevate può uccidere e ogni anno si registrano vittime per inalazione di anidride carbonica, ad esempio nell'industria delle bevande.

[54] Corrispondente al diametro di una sfera da 1 g/cm$^3$ che cade nell'aria con la stessa velocità della particella considerata.

te a causa delle polveri sottili in tutto il continente. In Italia si attestano a quasi 60.000 ogni anno[55].

Venendo invece all'NOx, si tratta della sigla che indica genericamente gli ossidi di azoto, un altro dei prodotti principali dei motori a combustione. Come il particolato, anche gli ossidi di azoto possono essere nocivi per l'uomo e l'$NO_2$ in particolare[56] aumenta nei bambini la probabilità di patologie respiratorie, asma, persino di nascite premature e disturbi in gravidanza.

Negli adulti, l'esposizione all'$NO_2$, insieme ad altri inquinanti, è correlata all'insorgere di patologie come cancro, diabete e problemi cardiovascolari[57].

Quante di queste sostanze vengono emesse dalle auto?

Il discorso è molto complesso dato che c'è da distinguere quelli che sono i limiti di legge a cui soggiacciono gli attuali veicoli per essere omologati e quelle che sono le stime di emissioni reali generate dalle auto. Volendo prendere in considerazione ad esempio le sole Euro VI benzina, abbiamo un limite legale di 5 mg/km di PM10 ma che nei fatti raggiunge una media di 26 mg/km, tenendo presente anche il particolato generato dagli attriti di gomme, freni e asfalto. Grave anche la situazione della $CO_2$, la cui stima reale è di 180 grammi per chilometro a fronte di un limite di legge di 130. Per non parlare del diesel la cui efficienza km/l si è ridotta a causa dei sistemi di retrofit introdotti con il passaggio da Euro V a VI nel tenta-

[55] www.eea.europa.eu/it/pressroom/newsreleases/molti-cittadini-europei-sono-ancora/morti-premature-attribuibili-allinquinamento-atmosferico

[56] Si tratta di un inquinante critico che ha portato al Dieselgate negli Stati Uniti e che svolge un ruolo fondamentale nella formazione dello smog.

[57] attivati.greenpeace.it/petizioni/stop-diesel/

tivo di ridurre le emissioni di NOx. Tali emissioni sono effettivamente diminuite nel salto di generazione ma sono ancora elevatissime: a fronte di un limite di legge di 80 mg parliamo di un'emissione reale di 215 mg/km. Anche il particolato e la $CO_2$ emessi realmente dai motori diesel sono molto al di sopra dei limiti di legge e con valori stimati più alti della benzina[58].

## Cosa possiamo fare?

L'OMS ha dichiarato che ancora oggi in Europa il 92% della popolazione è esposta a concentrazioni superiori alle soglie di pericolosità per tutti gli inquinanti atmosferici e la situazione è destinata a peggiorare se non riusciamo a porvi rimedio rapidamente: questo vale per la salute umana ma anche per il clima, sconvolto dai gas serra prodotti proprio dalle automobili[59]. Porre un freno a questo sistema che in un mondo frenetico e ipercinetico ci sembra l'unico possibile, dovrebbe quindi essere un'urgenza per i cittadini, per le istituzioni, per le aziende.

Il primo passo per rivoluzionare le nostre città è però capire che bisogna cambiare il nostro stile di vita: il modo in cui scegliamo di muoverci ogni giorno, dalla tratta più lunga alla più breve, può fare la differenza e innescare, passo dopo passo, pedalata dopo pedalata, un cambiamento radicale nella società.

[58] Tutti i dati sulle emissioni sono elaborazioni Legambiente su dati Inemar, come citato in A. Poggio, *Green mobility*, Edizioni Ambiente, Milano 2018. Stima reale PM10 motori diesel 27 mg/km con 5 mg/km come limite di legge. $CO_2$ stimata 192 g/km a fronte di 130 di legge.

[59] www.who.int/airpollution/en/

## Il car sharing e la fine dell'auto di proprietà

Il mercato della mobilità da una parte invita al possesso sfrenato e privatistico, dall'altra offre ogni giorno nuove piattaforme che permettono di non acquistare più un'auto e di muoversi grazie a servizi attivabili *una tantum* basati su infrastrutture condivise. Da questo punto di vista, il mondo delle auto sta mostrando i segnali più evidenti di un cambiamento epocale: tra i giovani, ad esempio, le auto non costituiscono più uno status symbol. Ad ammetterlo sono gli stessi millennials che, secondo uno studio realizzato da DriveK e Subito.it[60], considerano ormai l'auto solo come un mezzo di trasporto, una necessità e non un'estensione della propria personalità o una manifestazione della propria realizzazione personale o del proprio potere di acquisto. Proprio come accaduto per l'home cinema e i dvd, sostituiti dai servizi di streaming on demand che offrono un catalogo infinito di titoli condivisi con altri utenti, così anche l'auto è destinata a essere sempre meno di proprietà e sempre più condivisa. Basti pensare che le piattaforme di car sharing, ovvero quelle che permettono a più persone di usufruire di flotte di auto condivise, continuano a crescere: i dati ci dicono infatti che nel 2019 le flotte dei gestori di car sharing, rispetto all'anno precedente, sono aumentate del 3% quelle in modalità *free floating* (ShareNow, Enjoy o Sharengo

[60] Fonte: www.drivek.it/osservatorio-dati/. La ricerca congiunta di DriveK e Subito è stata condotta su un panel di mille utenti nati tra il 1981 e il 1996 (i millennials, appunto) intenzionati a comprare un'auto (nuova con DriveK e usata con Subito). I risultati mostrano l'identikit di un consumatore che, nonostante la giovane età, è consapevole, attento al prezzo e al parere di un esperto. Il 61% di coloro che cercano un'auto usata la considera solo come un mezzo di trasporto, percentuale che arriva al 75% per chi la desidera nuova. L'utilizzo della macchina dunque non è più visto come strumento di espressione del proprio status sociale: il campione indica solo il 5% sull'usato e il 6,6% sul nuovo.

con complessivi 7.009 veicoli) e del 7% quelle le cui auto hanno dei parcheggi fissi (1.255 veicoli). Ma soprattutto sono cresciute le iscrizioni: sempre nel 2019 gli utenti che hanno scelto di muoversi in car sharing sono aumentati del 28,7% (2 milioni e mezzo di iscrizioni nelle nostre città).

Tale sviluppo del settore è forse quello che più di tutti rappresenta il cambiamento attuale di paradigma. Il car sharing ci permette infatti di risparmiare, di liberare parcheggi e soprattutto di usare il mezzo più adatto alle nostre esigenze solo all'occorrenza.

### Il car pooling ovvero la condivisione dell'auto con amici e colleghi

Ogni giorno circa 1,8 milioni di pendolari si recano in auto al lavoro[61], con una media di 1,33 occupanti per veicolo, media bassissima se consideriamo che molti di questi pendolari percorrono le stesse tratte dei proprio colleghi. Se la media diventasse di almeno 2 passeggeri per ogni veicolo, le auto in strada sarebbero 628.000 in meno e si risparmierebbero ogni anno 360 milioni di euro di carburante e 660.000 tonnellate di $CO_2$.

Condividere l'auto con amici e colleghi è facile, economico, più sicuro di un treno affollato durante una pandemia[62],

[61] www.isprambiente.gov.it/files/notizie-ispra/4Presentazione_ANCI_16_settembre_2016_stilidimobilitadegliitaliani.pdf

[62] Condividere un'auto può essere anche una soluzione efficace in termini di sicurezza sanitaria se rapportato all'uso di mezzi pubblici congestionati. Consente infatti da una parte di non sovraccaricare metro e autobus e di abbassare di conseguenza il rischio contagio, dall'altra di risparmiare denaro, evitare di congestionare la rete stradale urbana ed emettere meno $CO_2$ e particolato rispetto all'uso privato di un'auto. In questo senso

ma permette soprattutto di ridurre le emissioni di $CO_2$ e particolato. Lo sanno anche negli USA, dove in alcuni stati le autostrade hanno una corsia preferenziale dedicata al car pooling.

## Scegliere l'auto giusta

Nonostante siano tante le alternative all'auto privata, sarebbe utopistico immaginare che questa scompaia nei prossimi anni.

Il mezzo di proprietà continuerà comunque a esistere ed è fondamentale trovare tecnologie che lo rendano davvero sostenibile. Quando si sceglie oggi un'auto da acquistare è quindi opportuno fare valutazioni economiche ma considerare anche le caratteristiche in termini ambientali. Delle auto a propulsione diesel, ad esempio, si è discusso in modo molto acceso negli ultimi anni con un dibattito che ha visto contrapporsi le associazioni ambientaliste e le case automobilistiche.

Eppure i dati parlano chiaro e l'Agenzia europea per l'ambiente ha prodotto degli studi su questo punto, evidenziando come le auto diesel rispetto ai veicoli a benzina emettano il 40% in più di particolato e il 367% in più di ossidi di azoto[63].

Meglio quindi un'auto a benzina? Se guardiamo ai dati delle emissioni sicuramente sì, ma personalmente reputo la scelta del male minore sempre una sconfitta.

un lavoro importante è sempre stato fatto da Jojob, il principale servizio in Italia che offre alle aziende uno strumento completo di welfare aziendale dal punto di vista della mobilità. Jojob, quando nel 2020 le aziende riaprirono dopo il primo lockdown e i dipendenti cominciarono a tornare in ufficio o in fabbrica, propose il car pooling in sicurezza proprio come alternativa da affiancare al mezzo pubblico: equipaggio di massimo due persone, sedute una davanti e una dietro e dotate di dispositivi di mascherine, con l'invito a sanificare con regolarità l'abitacolo e a creare degli equipaggi stabili nel tempo.

[63] www.eea.europa.eu/publications/explaining-road-transport-emissions

Esistono infatti oggi tecnologie che ci permettono davvero di fare la differenza e di contribuire a una rivoluzione che, per fortuna, sembra inarrestabile. Tra i veicoli di nuova generazione, troviamo per prime le auto ibride[64] i cui costi sono sempre più abbordabili e che ci permettono di alimentare la nostra auto sia con combustibile tradizionale che con l'energia elettrica. In termini di emissioni, secondo la Society of motor manufacturers & traders[65] le emissioni medie di $CO_2$ delle auto diesel sono 129,2 g/km; quelle delle auto a benzina 128,8 g/km, mentre quelle dei veicoli con alimentazioni alternative (principalmente tecnologie ibride) 95,5 g/km.

Step successivo sono le auto 100% elettriche. Se, come vedremo, queste rappresentano la scelta migliore in termini ambientali, il loro costo è ancora piuttosto alto e potrebbe mettere in difficoltà la maggior parte dei consumatori. Tuttavia, quando si riflette sull'acquisto di un'auto elettrica, si deve studiare l'investimento in prospettiva, considerando un periodo di ammortamento di dieci anni. Se infatti al costo iniziale di un'auto aggiungiamo quelli per il carburante, la manutenzione, il bollo e altre tasse, il costo complessivo di un'auto elettrica è equivalente a quello di un modello a combustione interna[66].

Dal punto di vista ambientale la questione delle auto elettriche va comunque affrontata con attenzione e senza farne una questione di principio. Se infatti un'auto elettrica oggi non emette direttamente nemmeno un grammo di $CO_2$, è altrettanto vero che l'energia elettrica per la produzione e poi per la pro-

[64] Da non confondere con quelli bi-fuel come quelli benzina/gpl.

[65] www.transportenvironment.org/sites/te/files/publications/2015_03_11_TE_Briefing_Six_facts_about_diesel_the_car_industry_would_rather_not_tell_you.pdf

[66] www.enelx.com/it/it/risorse/faq/mobilita-elettrica/quanto-costa-un-auto-elettrica

pulsione da qualche parte deve pur arrivare. Per quanto riguarda la produzione, basterebbe ovviare al problema creando stabilimenti completamente alimentati da fonti rinnovabili, come già sta realizzando Tesla in Nevada[67]. Per quanto riguarda la ricarica delle batterie tutto dipende invece dal mix energetico, il *fuel mix*, che viene messo a disposizione nelle varie regioni[68] rimandando il problema a monte: in questo senso i segnali sono piuttosto incoraggianti e lasciano ben sperare per il futuro, dato che la quota di energia prodotta da fonti rinnovabili in Europa è quasi raddoppiata tra il 2004 e il 2018[69].

Insomma, le auto elettriche non sono la panacea di tutti i mali e ancora tanto c'è da lavorare perché la loro produzione sia sostenibile sia dal punto di vista ambientale che sociale[70]; tuttavia restano senza dubbio una parte importantissima della rivoluzione sostenibile delle nostre città.

## Trasporto pubblico e pandemia

Parlare di trasporto pubblico dopo l'epidemia da SARS-CoV-2 che ha colpito il mondo a partire dal 2020 non è facile, ma è necessario. L'auto continua a essere il mezzo più utilizzato per gli spostamenti sebbene una ricerca di Isfort evidenzi

[67] www.tesla.com/it_IT/gigafactory

[68] Il *fuel mix*, o mix energetico, è l'insieme di fonti energetiche primarie utilizzate per la produzione dell'energia elettrica fornita dalle imprese di vendita ai clienti finali.

[69] ec.europa.eu/eurostat/statistics-explained/index.php?title=Renewable_energy_statistics/it#Tra_il_2004_e_il_2018_la_quota_di_energia_rinnovabile_.C3.A8_quasi_raddoppiata

[70] Non si deve dimenticare infatti il grande problema dell'estrazione di risorse minerarie per la produzione di batterie. A questo proposito si veda il capitolo 6.

come il 32,6% dei cittadini vorrebbe muoversi di più coi mezzi pubblici e, parallelamente, il 32,8% vorrebbe stare meno tempo al volante[71].

Quello del trasporto pubblico è un tema particolarmente complesso da affrontare e racconta le più grandi contraddizioni in termini numerici e statistici. Nel 2019, prima dell'emergenza da Covid-19, usavano tram, autobus e filobus 3 milioni di persone tutti i giorni e 3 milioni più volte alla settimana[72]. Per quanto riguarda i treni, in tutta Italia il numero dei passeggeri che li utilizzava ogni giorno toccava nel 2019 quota 5,699 milioni con aumento dell'11,7% rispetto al 2014, quando erano 5,1 milioni[73].

A causa dell'emergenza sanitaria, la situazione si è modificata e le conseguenze devono ancora essere studiate e verificate. Il 2020 ha visto una drammatica riduzione dell'utilizzo del mezzo pubblico, i cui effetti devastanti per il clima saranno soltanto in parte attutiti dai mesi di lockdown e dal generale protrarsi dello smart working in tutto il mondo. A dimostrarlo anche un recente studio della BCG[74], società che opera nella consulenza strategica, che ha coinvolto 5.000 abitanti delle principali città negli Stati Uniti, Cina ed Europa occidentale (Italia, Francia, Germania, Spagna e Regno Unito). Secondo lo studio, dopo il lockdown il 37% degli italiani ha dichiarato di utilizzare molto meno i mezzi pubblici, preferendo forme private di mobilità come l'auto ma anche la bici o le camminate.

[71] www.isfort.it/wp-content/uploads/2019/09/Rapporto_Mobilita_2018.pdf

[72] www.istat.it/it/files//2020/05/spostamenti-sul-territorio_2019.pdf

[73] www.pendolaria.it/rapporto-pendolaria-2019/

[74] AA.VV., *How COVID-19 will shape urban mobility*, 16 giugno 2020, www.bcg.com/it-it/publications/2020/how-covid-19-will-shape-urban-mobility

Tuttavia, quando si parla di mobilità dolce, è importante avere ben chiaro questo concetto: la bici o i monopattini sono un tassello fondamentale, ma non sono la soluzione unica e definitiva per rivoluzionare le città in chiave green. A cambiare il volto delle città saranno da una parte i cittadini che scelgono di muoversi in autobus, tram e metro, dall'altra un sistema efficiente di trasporto pubblico, soprattutto quello su ferro (metropolitane e tram), capace di trasportare flussi enormi di persone di tutte le età con rapidità ed efficacia.

## Più bici, più liberi

La crisi sanitaria e socio-economica ha aperto gli occhi a milioni di cittadini nel mondo sugli enormi vantaggi dell'utilizzo anche quotidiano della bicicletta. Una grandissima fetta della popolazione possiede infatti tutte le caratteristiche fisiche richieste da una bicicletta muscolare (per non parlare di quella a pedalata assistita) per percorrere ogni giorno la tratta casa-lavoro oppure sbrigare le commissioni. Andare in bicicletta fa bene al cuore, alla linea, alla mente, alle tasche e all'ambiente senza utilizzare una sola goccia di combustibile.

Senza tenere conto dell'acquisto dell'auto in sé, il costo medio per mantenere un'auto in Italia è di 1492 euro[75] all'anno mentre la mobilità ciclabile, una volta acquistato il mezzo, ha spese di manutenzione praticamente nulle e permette un risparmio in termini di $CO_2$ pari a 130 g/km e un risparmio economico di 0,20 euro/km[76]. Ma, soprattutto, la bicicletta

[75] Rilevazioni effettuate dal comparatore di offerte SosTariffe. www.sostariffe.it/news/costo-auto-2020-in-italia-cala-del-7-diminuzioni-in-quasi-tutte-le-regioni-317237/

[76] Dati Jojob Bici e Piedi www.jojob.it/suite-servizi/

rende liberi e indipendenti anche quando il mezzo pubblico spaventa a causa di una pandemia o quando crisi economica e ambientale fanno pesare ogni litro di benzina acquistato.

Tra difficoltà, incompetenza e con una mancanza cronica di visione di insieme, le grandi città (anche quelle con tessuti urbani più complessi come Roma) hanno iniziato a capire che la mobilità ciclabile non serve solo a sgranchirsi le gambe la domenica, ma permette alla popolazione di restare operativa e muoversi in modo sostenibile, anche nei momenti più difficili.

L'antropologo Marc Augé riteneva possibile che nelle metropoli la bicicletta potesse arrivare a prevalere sugli altri mezzi di trasporto. Io invece mi permetto di essere moderatamente sognatore pensando che la bici sia un mezzo per molti, anzi moltissimi, ma non per tutti. Di certo è il mezzo che più in assoluto è in grado di trasformarci, farci cambiare mentalità e stile di vita.

*Sostenibilità in 280 caratteri*

**Matteo Nardi**
@mat_nardi

FOLLOW

#10ideepersalvareilpianeta Muoversi in modo sostenibile fa bene al fisico e all'ambiente: scegli i mezzi pubblici, cammina, vai in bici. Quando puoi utilizza il #carsharing e il #carpooling. Se devi cambiare auto valuta sempre la più sostenibile @mat_nardi @leti_palmisano 🚲

18 15 36

# 5. A scuola di ecologia

di Letizia Palmisano

«La scuola può tutto[77]».
Simonetta Salacone, dirigente scolastica, intellettuale, educatrice

Come recita il proverbio, la scuola è maestra di vita e tassello fondamentale di ciò che fa di noi cittadini del nostro Paese e del mondo.

La sensibilità che si è diffusa sul tema della sostenibilità ambientale è entrata fra i banchi scolastici con sempre maggior forza. Fra le regole importanti da trasmettere ci sono quelle necessarie a formare un "ecostudente" che, anche fuori dalle aule scolastiche, possa vivere nel mondo e trasformarlo in un posto migliore per sé e per le generazioni che verranno.

[77] «"La scuola può tutto" diceva... e nella scuola di Simonetta tutto era possibile»: così recita l'incipit del testo letto da Luca Mascini, leader di Assalti Frontali e genitore di tre bambini che hanno frequentato la scuola Iqbal Masih (oggi intitolata all'indimenticabile dirigente) di Roma, in occasione della commemorazione di Simonetta Salacone il 30 gennaio 2017. La frase «la scuola può tutto» è riportata anche nella canzone *Simonetta* degli Assalti frontali ed è il titolo del libro a cura di Elena Pautasso, Nadia Ferretti e Mara Maurri, che raccoglie una serie di scritti e testimonianze della dirigente scomparsa nel 2017. Simonetta Salacone fu la prima persona a insegnarmi il valore di piantare un albero nel giardino (allora brullo) della scuola. Era il 1987, anche dai frutti di quell'albero nasce questo libro.

Da un lato vi è il ruolo principe dell'educazione ambientale. Dall'altro, c'è l'importanza pedagogica dell'esempio che può arrivare da scuole gestite come ecosistemi virtuosi capaci di mostrare ai ragazzi (e alle famiglie) come sia possibile ridurre l'impronta ambientale nelle scelte quotidiane.

Lungo la Penisola esistono molteplici esempi positivi ai quali ispirarsi. Ecco raccolte alcune delle buone pratiche che speriamo vengano copiate davvero ovunque.

## Luce naturale… energia per il cervello

L'illuminazione giusta è fondamentale in ogni edificio, specialmente se al suo interno sono attive preziose menti pensanti.

In base a un'indagine condotta dal *California board for energy efficiency*[78], una migliore illuminazione diurna naturale comporterebbe un aumento significativo dei punteggi dei test degli studenti e dei tassi di apprendimento[79]. Secondo il report, i ragazzi che nel corso delle prove hanno goduto di abbondante luce naturale[80] nelle aule sono stati più veloci nei test di matematica e di lettura.

Prediligere la luce solare consente anche di applicare il principio secondo il quale la prima fonte di energia pulita sia quella che non viene prodotta[81], che si traduce nel cercare di

[78] www.pge.com/includes/docs/pdfs/shared/edusafety/training/pec/daylight/SchoolsCondensed820.pdf

[79] comunivirtuosi.org/wp-content/uploads/2018/01/Linee_Guida.pdf

[80] Secondo la pubblicazione, quindi, la possibilità di fruire di lucernai e finestre è fondamentale e sono preferibili, in termini di prestazioni dei discenti, le finestre apribili rispetto a quelle fisse.

[81] Per sapere come sfruttare appieno i raggi del sole, vi rimandiamo ai capitoli 1 «Una casa a minimo impatto» e 7 «Come rendere green l'ufficio».

individuare tutte le soluzioni che garantiscano il risparmio energetico.

Per tutti i momenti (e i luoghi) nei quali sia necessario ricorrere alla luce artificiale, bisogna ricordare che i consumi delle lampade cambiano a seconda della tecnologia. Dovrebbe essere prioritario investire in forme di illuminazione a basso consumo che, come si può leggere nel report *Ecosistema Scuola* 2018 di Legambiente, sono presenti nel 25,9% degli edifici[82] scolastici. Anche in tal caso però l'energia non va sprecata.

Ove non siano presenti sistemi automatizzati con controllo luxometrico e di rilevazione della presenza, è importante accendere la luce solo quando serve. Tuttavia è noto che se una attività "è responsabilità di tutti", nessuno in pratica si farà carico di verificarne la corretta attuazione.

## I guardiani della luce

Si può partire con il segnare i consumi scolastici dell'ultimo anno, spiegare l'importanza dell'efficienza energetica e tenere traccia delle differenze rispetto al passato. Vedere il grafico scendere verso fabbisogni minori grazie a comportamenti più virtuosi, incentiverà molti a fare ancora meglio.

Sono molte le scuole che hanno documentato un risparmio energetico grazie all'introduzione delle figure dei "guardiani della luce"[83], ovvero di studenti investiti del compito di accendere e spegnere gli interruttori in base alle reali esigenze di

[82] www.legambiente.it/wp-content/uploads/ecosistema_scuola_2018.pdf

[83] Per approfondire, M. Boschini, *La mia scuola a impatto zero. Ricette virtuose per tagliare la bolletta energetica e moltiplicare l'educazione ambientale*, Edizioni Sonda, Casale Monferrato 2012.

illuminazione della classe. Un incarico che può insegnare molto, un esempio concreto di attività di educazione ambientale.

I guardiani della luce[84] potrebbero essere a rotazione tutti gli studenti della classe o si può pensare di suddividere i compiti. Ad esempio un guardiano potrebbe avere il compito di controllare che vengano spenti gli altri apparecchi elettrici, un altro di vigilare sui termosifoni, un altro ancora di verificare che tende e tapparelle siano alzate e abbassate al momento giusto.

I risultati sulla bolletta? Non si parla di pochi punti percentuali (che in ogni caso sarebbero importanti), ma anche di un dimezzamento dei consumi dell'energia.

Una volta attuata a scuola, scommettiamo che la sfida dell'efficienza energetica verrà portata a casa da molti ragazzi?

## A scuola serve il clima giusto

Uno studente inizia a sbadigliare, un altro dà segni di cali di concentrazione, altri lamentano mal di testa. Prima di pensare che siano scuse per non studiare o per distrarsi bisogna porsi un'altra domanda. Nell'aula c'è il clima giusto? Non stiamo parlando di quello legato alle emozioni e ai sentimenti, ma della qualità dell'aria, del microclima e della temperatura all'interno degli spazi scolastici. Bisogna infatti porre particolare attenzione all'ambiente scolastico che deve essere confortevole, igienico e sicuro come ricorda lo studio #ScuolainclasseA pubblicato dal dipartimento Unità per l'efficienza energetica dell'ENEA[85].

[84] www.risorsecoop.it/guardiani-della-luce-risparmio-energetico-nelle-scuole

[85] Il documento, scritto da Antonia Marchetti e Patrizia Aversa, contiene consigli e suggerimenti utili per la corretta gestione di un edificio

In un ambiente sano si apprende e si lavora meglio. Tant'è che nel titolo terzo della Carta dei servizi scolastici DPCM del 7/6/1995 si legge chiaramente nelle condizioni ambientali della scuola, che «l'ambiente scolastico deve essere pulito, accogliente, sicuro. Le condizioni di igiene e sicurezza dei locali e dei servizi devono garantire una permanenza a scuola confortevole per gli alunni e per il personale».

Come indicato nel capitolo «Una casa a minimo impatto», sono molteplici le soluzioni adottabili, per tagliare le bollette energetiche in un clima confortevole. Facciamone tesoro anche a scuola.

## Raccolta differenziata

Sono molte le scuole italiane che, insieme alle rispettive amministrazioni locali, lavorano per garantire una raccolta differenziata[86] all'interno degli edifici scolastici. Presso alcune strutture è possibile addirittura raccogliere pile esauste, olio domestico usato e vecchi toner. In alcuni cortili sono state installate delle compostiere che trasformano la frazione organica dell'immondizia in compost, divenendo così anche esempio di educazione ambientale e di economia circolare non solo per la comunità scolastica, ma per tutto il quartiere.

scolastico. È scaricabile gratuitamente: www.efficienzaenergetica.enea.it/vi-segnaliamo/scuola-in-classe-a-istruzioni-per-l-uso-come-rendere-piu-confortevole-e-salubre-l-ambiente-scolastico-on-line-il-nuovo-opuscolo-enea.html

[86] www.legambiente.it/wp-content/uploads/ecosistema_scuola_2018.pdf

## A mensa niente spreco

Nelle mense delle scuole italiane c'è una pietanza che sta andando sempre più di moda: la sostenibilità. Partiamo dai menu offerti alla popolazione scolastica: i capitolati dei bandi richiedono alle ditte appaltatrici di utilizzare prodotti locali e stagionali, certificati DOP e IGP e, in alcuni casi, biologici.

Si è allargato poi l'utilizzo delle *doggy bag*[87] per contrastare il fenomeno dello spreco del cibo, così come si è ridotto, in maniera esponenziale, il consumo di acqua imbottigliata: gli studenti vengono sempre più spesso invitati a portare da casa un bicchiere riutilizzabile o la borraccia e a bere l'acqua del rubinetto.

In merito a piatti e posate dal punto di vista dell'impatto ambientale, seppur la scelta migliore resti l'impiego di stoviglie riutilizzabili, ciò non sempre è possibile. In sostituzione delle stoviglie in plastica, trovano diffusione le stoviglie, i piatti e i bicchieri monouso in materiale compostabile[88].

## Che orto!

La scuola, oltre a far crescere i futuri cittadini, può essere un luogo dove far sbocciare altri frutti: molte strutture hanno infatti trasformato angoli di giardino in orti scolastici dove piccoli giardinieri, a turno, impiegano il proprio tempo a far germogliare i frutti della terra, imparando a conoscere i ritmi delle stagioni e le esigenze dell'agricoltura.

[87] www.nonsprecare.it/doggy-bag-scuola-mense

[88] Cosa accade con la pandemia? Per approfondire rimando a www.economiacircolare.com/le-mense-scolastiche-ai-tempi-del-covid-cosa-cambia-nelluso-delle-stoviglie/

## Zaino leggero e sostenibile

Cosa portano i nostri figli nei loro zaini? Prima di riempire il corredo scolastico con oggetti che poi non verranno usati nel corso delle lezioni, è opportuno un preventivo confronto con gli insegnanti che certamente sapranno fornire indicazioni utili. Inoltre anche sulla cancelleria esistono delle linee eco-friendly. Ad esempio è possibile acquistare quaderni con carta certificata derivante da foreste controllate (FSC e PEFC o Ecolabel), utensili – come righelli – realizzati con materie prime rinnovabili (legno, cartone o bioplastiche) e pennarelli che non contengono solventi chimici.

## L'ecobiblioteca

La curiosità vien leggendo. I titoli green sono così numerosi che non ci sentiamo di indicarne qualcuno in maniera specifica, ma vorremmo riportare qualche linea guida. Vi sono quelli che insegnano letteralmente ad amare la natura, che raccontano che il lupo non è cattivo, che gli animali non sono mai brutti. Andrebbero messe a disposizione le storie di "supereroi" molto umani come i libri ispirati a Greta, ma anche a tutti coloro che combattono per difendere il pianeta. Non dovrebbero mancare le guide che ci aiutano a spiegare, anche ai più piccoli, cosa sono i cambiamenti climatici o perché è così importante fare la raccolta differenziata. Arricchire le biblioteche scolastiche con questi libri coltiverà la sostenibilità, pagina dopo pagina[89].

[89] Ho raccolto un'ampia selezione degli ultimi anni sul mio blog www.letiziapalmisano.it/argomento/giornalista-ambientale/libri-e-recensioni/

Italia promossa in educazione ambientale!

L'educazione ambientale è stata introdotta nelle scuole di ogni ordine e grado dal settembre 2020[90]. Quando si parla di educazione ambientale si potrebbe erroneamente ritenere che la materia di studio si limiti a qualche buona regola di condotta, già ampiamente insegnata dai genitori ai propri figli, come ad esempio non abbandonare i rifiuti, non sprecare l'acqua o fare la raccolta differenziata.

In realtà il perimetro di tale disciplina è ben più vasto e complesso: l'Educazione allo Sviluppo Sostenibile (ESS)[91] infatti non compete solo l'ambiente in senso stretto, ma ha profonde diramazioni anche in ambito economico (consumi e distribuzione della ricchezza nei diversi angoli del mondo), sociale (diritti, pace, salute, diversità culturale) e, più in generale, si interessa di tutti gli aspetti della vita comune delle generazioni di oggi, di quelle future nonché del loro rapporto con l'ambiente e con le risorse della Terra.

[90] www.facebook.com/SergioCostaMinistroAmbiente/photos/a.377699326073786/890933184750395/

[91] L'importanza dell'ESS ha ottenuto un formale riconoscimento anche a livello internazionale: nel 2002, nel corso del Vertice mondiale sullo sviluppo sostenibile di Johannesburg, la comunità internazionale decise di dedicare un decennio all'ESS (DESD 2005-2014); alla sua conclusione l'UNESCO adottò il Programma Globale d'Azione (GAP) sull'educazione allo sviluppo sostenibile, che contribuì alla stesura della nuova Agenda 2030 per lo sviluppo sostenibile lanciata dai capi di Stato e di governo nel settembre del 2015: il documento prevede tra i suoi 17 obiettivi (Sustainable Development Goal – SDG), anche quello di promuovere il ruolo centrale dell'ESS. www.minambiente.it/pagina/educazione-ambientale-e-allo-sviluppo-sostenibile

Nel 2015 il Ministero dell'ambiente[92], in collaborazione con il Ministero dell'istruzione[93], ha provveduto a pubblicare le nuove linee guida[94] per l'educazione ambientale. L'anno successivo è arrivata la firma di un protocollo d'intesa sull'educazione ambientale e allo sviluppo sostenibile[95]. In favore degli studenti sono state promosse esperienze di alternanza scuola-lavoro nel settore della *green economy* nonché formazione didattica sul campo anche nel corso di viaggi d'istruzione nelle aree protette italiane e nelle aree di interesse naturalistico.

## Quattro passi verso scuola

Quasi sempre la scelta della scuola, soprattutto della primaria, è dettata da convenienze logistiche: si individua l'istituto scolastico vicino casa o comunque più facilmente raggiungibile. Secondo le stime diffuse da Legambiente nel report Ecosistema scuola 2021, il 6,1% dei plessi[96] ha organizzato sistemi di pedibus (12,7% al nord), ovvero mezzi di gestione collettiva

[92] Il Ministero dell'ambiente è stato sostituito dal Mite, Ministero della transizione ecologica dal 26 febbraio 2021: www.minambiente.it/comunicati/nasce-il-ministero-della-transizione-ecologica

[93] www.miur.gov.it/-/scuola-bussetti-e-costa-firmano-protocollo-d-intesa-1-3-mln-per-l-educazione-ambientale

[94] www.minambiente.it/sites/default/files/archivio/allegati/LINEE_GUIDA.pdf

[95] La conferenza nazionale sull'educazione ambientale riunitasi il 22 novembre 2016 ha stilato la Carta sull'educazione ambientale e lo sviluppo sostenibile che tratta dodici argomenti: biodiversità, agenda 2030, mobilità sostenibile, società civile, digitale e comunicazione, salute, economia circolare, turismo sostenibile, lotta al cambiamento climatico, città, gestione delle risorse naturali e spreco alimentare.

[96] Per consultare il report 2021 e le edizioni precedenti: www.legambientescuolaformazione.it/pubblicazioni

che consentano ai bambini, accompagnati da uno o più adulti, di poter raggiungere in sicurezza la propria scuola[97]. Purtroppo, si legge nel documento di Legambiente, anche la mobilità sulle due ruote è ancora molto limitata: solo il 16,7% degli edifici scolastici ha piste ciclabili nelle aree antistanti[98]. Il servizio di bicibus, è invece praticamente assente (0,1%) e solo, quando presente – si legge in *Ecosistema scuola* – nelle scuole del nord.

## Edifici scolastici eco-friendly

Se i comportamenti virtuosi in tema di ecosostenibilità sono fondamentali, da soli però non bastano[99]. Quando si parla di edilizia scolastica, ci sono purtroppo delle materie sulle quali la scuola italiana arranca, meritandosi un voto ben al di sotto della sufficienza. Uno degli ambiti in cui il sistema-scuola rischia la bocciatura è quello dell'efficienza energetica: dai dati diffusi dal rapporto *Ecosistema scuola* di Legambiente 2021 emerge che solo il 28% degli edifici scolastici presenta una certificazione energetica. Di questi in classe A se ne registra il 6,3%, mentre complessivamente il 72,2% delle strutture è nelle ultime tre classi energetiche (E, F e G)[100]. Negli ultimi 5 anni gli edifici in

[97] Fra le applicazioni pratiche di questo metodo, rientra ad esempio l'uso di corde: ogni bambino la afferra stando distanziato da chi viene prima e dopo di lui… a prova di misure anti-Covid!

[98] A tale proposito, il rapporto 2021 di Legambiente registra le notevoli differenze territoriali: al nord sono presenti nel 28,9% dei casi mentre nelle isole nel 2,3%.

[99] La campagna Italia in classe A dell'ENEA e del MiSE ha portato avanti negli anni una importante campagna sull'efficienza energetica rivolta anche alle scuole e agli studenti. Ecco un esempio tratto dalla web serie www.youtube.com/watch?v=P5Qn9J3Qi4s

[100] Su tali temi si segnala inoltre l'App SafeSchool 4.0 per diagnosi ener-

cui sono stati realizzati interventi di efficientamento energetico sono il 15%, con una punta del 20% al nord e un esiguo 2,4% al sud»[101]. Per quanto riguarda le fonti alternative, nel 18,1%[102] degli istituti scolastici italiani sono attivi impianti di produzione di energie rinnovabili e questo rappresenta un dato sicuramente incrementabile; ne è un esempio virtuoso la regione Puglia, dove la percentuale schizza oltre l'80%[103].

Esistono poi le esperienze di chi decide di "abbattere le pareti".

## Le scuole all'aperto: agri nidi, asili nel bosco e aule natura

In quanti, da studenti, durante lo svolgimento delle lezioni, abbiamo guardato fuori dalla finestra immaginando cosa potesse accadere all'esterno delle aule? Pensate che anno dopo anno aumentano coloro che scommettono sulla didattica all'aria aperta[104].

Non si parla di singole gite, ma di scuole che si organizzano per tenere le lezioni *en plein air*, spesso sfruttando non solo propri spazi esterni, ma addirittura adoperando angoli verdi

getica e vulnerabilità sismica delle scuole sviluppata dall'ENEA e messa a disposizione gratuitamente dei tecnici:
www.youtube.com/watch?v=A1ZUNN0ljsQ

[101] I dati sono stati raccolti sulla base dell'indagine effettuata su 6.165 edifici scolastici in 86 comuni capoluogo, pubblicati nella XX edizione del rapporto *Ecosistema Scuola* 2021.

[102] «Di questi l'80,1% utilizza il solare fotovoltaico e il 31,9% il solare termico, mentre solo l'1,2% impianti a geotermia e lo 0,4% a biomassa. In questi edifici la copertura dei consumi da fonti rinnovabili è del 37,6%.». Fonte: *Ecosistema scuola* 2021.

[103] Fonte: *Ecosistema scuola* 2018.

[104] Alcuni esempi di pedagogia all'aria aperta sono raccolti nei seguenti siti web: www.terranuova.it/tags/view/Genitori+e+figli/asilo+nel+bosco; www.italiachecambia.org/tag/outdoor-education/

donati dalla natura. Nate in Danimarca, queste esperienze si sono diffuse rapidamente in altri Stati, Italia compresa. Qualsiasi angolo naturale può diventare un luogo adatto alla didattica: "agri-nidi", "agri-asili" e asili sul mare per i più piccoli, ma anche scuole primarie e secondarie di primo grado[105] stanno divenendo sempre più delle realtà strutturate.

Alla base di questo innovativo "ritorno alla natura" vi sono molteplici motivi. Innanzitutto c'è una maggiore sensibilità sulle tematiche ambientali e l'interesse degli adulti a far sì che, sin da piccoli, i bambini possano entrare in sinergia con l'ecosistema. Gli studenti sono poi portati a muoversi di più: favorendo la psicomotricità vengono stimolate la creatività e la fantasia e i diversi spunti che possono arrivare da piante e animali aiuteranno gli alunni a non annoiarsi.

*Sostenibilità in 280 caratteri*

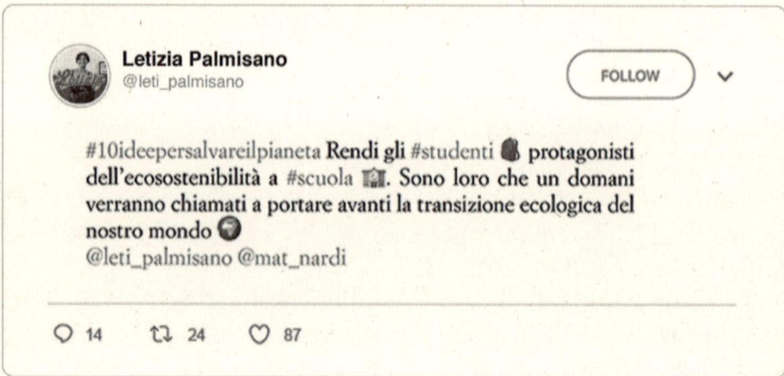


[105] www.tuttaunaltrascuola.it/scuola-media-natura-nel-pisano/

**Letizia Palmisano**
@leti_palmisano

FOLLOW

#10ideepersalvareilpianeta A scuola prevedete una sezione della biblioteca con libri 📚 che raccontino l'amore per la natura, la lotta agli sprechi, i cambiamenti climatici. Ne esistono per tutte le età!
@leti_palmisano @mat_nardi

24 19 75

# 6. Nuvole nere

di Matteo Nardi

*«For the past 33 years, I have looked in the mirror every morning and asked myself: "If today were the last day of my life, would I want to do what I am about to do today?" And whenever the answer has been "No" for too many days in a row, I know I need to change something».*

Steve Jobs, Stanford 2005

Secondo un recente report di *Shift project*, le tecnologie digitali sono responsabili del 4% delle emissioni di gas serra e la richiesta di energia aumenta ogni anno del 9%. Percentuali che, con tutta probabilità, saranno destinate a crescere nei prossimi anni anche come conseguenza del processo di digitalizzazione, accelerato nel 2020 a causa della pandemia[106].

La sostenibilità nella produzione e utilizzo dei dispositivi elettronici è un tema estremamente urgente, studiato e promosso dall'"informatica verde". Il termine, coniato a partire dall'inglese *green computing* o green IT, corrisponde allo studio di nuove soluzioni che consentano di sviluppare tecnologie informatiche sempre più efficienti e meno impattanti. Nello specifico, gli obiettivi di questa ricerca sono la riduzione dei consumi in tutto il ciclo dei prodotti e soprattutto la pro-

[106] theshiftproject.org/en/article/unsustainable-use-online-video/

mozione di una maggiore riciclabilità dei prodotti stessi che, come vedremo, contengono elementi e minerali particolarmente rari.

## Hardware e materiali preziosi

Il mondo dell'elettronica è davvero sconfinato e, quando parliamo di computer, stiamo in realtà generalizzando un sistema complesso e variegato fatto anche di tante dissolvenze in cui i dispositivi si fondono e scambiano, perdendo la specificità che avevano fino a pochi anni or sono. Se parliamo solo di funzionalità, è infatti ormai piuttosto difficile distinguere tra un computer, uno smartphone e uno smartwatch di ultima generazione.

Volendo però cercare di restringere il campo, potremmo iniziare il nostro ragionamento a partire dai desktop, i computer fissi, e dovremmo tenere presente che questi sono costituiti a loro volta da diversi elementi, tra cui: la scheda madre o *motherboard*, il processore centrale o CPU, l'alimentatore di corrente, la memoria RAM, l'hard disk o disco rigido, la scheda video, le periferiche di interfaccia come tastiera, mouse, il monitor, case o *chassis*, la scheda audio, l'unità CD/DVD ROM (ormai assente nei computer di ultima generazione), casse audio (integrate o esterne), per non parlare delle periferiche aggiuntive come stampante, scanner, webcam.

Anche gli smartphone, solo apparentemente più semplici, sono composti da uno schermo, da una batteria, da un SoC e quindi da processore, GPU, fotocamera, sensori e tanto altro.

Tutti questi componenti, sia dei computer che degli smartphone, sono il risultato di più di un secolo di evoluzione tecnologica che ha portato miliardi di esseri umani a possedere, nel palmo della mano, un concentrato formidabile di elementi chimici e metalli rari.

Basti pensare al litio combinato con cobalto e racchiuso in un guscio di alluminio utilizzato per le batterie dei telefoni e dei computer portatili, al rame, che costituisce la parte fondante di tutti i circuiti, ma anche al neodimio e gadolinio utilizzati nelle parti magnetiche dell'altoparlante e dei microfoni.

Inoltre, i dispositivi elettronici possono contenere una quantità di palladio e platino, ma anche di oro e argento, fondamentali per la componente microelettrica.

## Il dramma del coltan

Il coltan, elemento fondamentale di tutti gli hardware più avanzati, merita un paragrafo a parte nel nostro ragionamento. Il termine, ormai entrato nel linguaggio comune, è in realtà una forma colloquiale utilizzata in Africa, in particolare nella regione del Congo, per indicare una miscela complessa di columbite e tantalite. Il valore commerciale è elevatissimo e, con l'aumento della richiesta negli ultimi anni, si sono accese terribili dispute territoriali tra gruppi paramilitari per il controllo dei giacimenti. Gran parte del materiale è estratto per poi essere venduto ad aziende occidentali e asiatiche che non si curano affatto delle condizioni dei lavoratori: la maggior parte dei minatori lavora in condizioni disastrose, senza alcun tipo di protezioni né strumentazione, all'interno di miniere scavate con attrezzi rudimentali e prive di qualunque sistema di sicurezza. A lavorare così sono adulti ma anche migliaia di bambini che affrontano turni massacranti senza neanche la certezza di una paga[107].

[107] Per approfondire si veda il reportage *Nelle miniere dove nascono gli smartphone* trasmesso da *Nemo. Nessuno Escluso* il 25/05/2017: www.youtube.com/watch?v=WCFKWgu4u1g

Quella che si consuma in Congo è una vera crisi umanitaria di cui consumatori e grandi multinazionali dell'elettronica sono indirettamente artefici, ma del quale ogni tassello della filiera è comunque responsabile[108].

## Il caso Fairphone

Quando si affrontano argomenti drammatici e insieme così complessi e lontani come lo sfruttamento di persone che vivono a migliaia di chilometri di distanza dalle nostre frenetiche vite, si corre il rischio di non percepire l'importanza di tale questioni e, soprattutto, di arrivare all'errata conclusione di non poter fare nulla per cambiare le cose. Del resto, quella dell'informatica è un'industria molto complessa, in cui non è semplice distinguere tra prodotti più o meno sostenibili, sia dal punto di vista ambientale che sociale. Interessarsi del tema è però un primo passo decisivo perché il mercato tracci un cambiamento di rotta netto. Alle grandi multinazionali tecnologiche interessa il profitto e mostrare loro a quali prodotti siamo interessati è nostro compito.

In questo senso, sarà utile soffermarci su almeno due casi eccezionali del settore, iniziando da quello che forse è il progetto più originale degli ultimi anni: il Fairphone.

[108] Il coltan è solo uno dei minerali estratti all'interno di regioni politicamente instabili. In questi Paesi il commercio di minerali può essere utilizzato per finanziare gruppi armati, essere causa di lavori forzati e di altre violazioni dei diritti umani, nonché favorire la corruzione e il riciclaggio di denaro.
Questi minerali nel complesso sono i cosiddetti "minerali di conflitto" e sono ad esempio lo stagno, il tungsteno, il tantalio e l'oro, noti anche come 3TG: ec.europa.eu/trade/policy/in-focus/conflict-minerals-regulation/regulation-explained/index_it.htm

Nato grazie all'omonima fondazione, il Fairphone è il primo smartphone solidale prodotto a partire dal 2013 e realizzato con tutti i criteri che dovrebbero guidare anche la produzione degli altri brand di telefonia. Dall'utilizzo di materiali riciclati alla scelta di minerali rari non provenienti da aree gestite dai signori della guerra, tutto è fatto perché l'impatto ambientale sia ridotto al minimo e perché i lavoratori che prendono parte alla filiera di produzione siano trattati equamente. Ma c'è di più: il Fairphone nasce come uno smartphone modulare, capace cioè di aggiornare il proprio hardware intervenendo sul singolo componente, senza bisogno di sostituire l'intero dispositivo. Per fare un esempio, nel 2020 è uscito il modello 3+ che, rispetto al predecessore, si caratterizza in particolare per la fotocamera migliore. Tale comparto fotografico è stato però messo anche in vendita singolarmente per consentire a chi fosse in possesso del modello 3 di aggiornare il proprio *device* semplicemente sostituendo il comparto fotografico.

Del resto l'altro grande problema ambientale legato alla tecnologia è quello dei rifiuti, ovvero di tutti quei dispositivi, grandi o piccoli che siano, che arrivano a fine vita oppure che vengono gettati ancora funzionanti perché obsoleti. In ogni caso questi rifiuti, chiamati RAEE (Rifiuti di Apparecchiature Elettriche ed Elettroniche), sono attualmente quelli con il flusso con la più rapida crescita al mondo. Secondo il Global E-waste Monitor (2020), nel 2019 sono stati prodotti circa 53,6 milioni di tonnellate di RAEE e si stima che nel 2030 saranno almeno 74 milioni di tonnellate.

Quelli elettronici sono rifiuti complessi e molto diversi tra loro: si parte dai cosiddetti R1 ovvero i frigoriferi, i congelatori, i condizionatori e tutti quei prodotti costruiti per refrigerare o rinfrescare, cui si aggiungono gli R2 i "grandi bianchi", ovvero le lavastoviglie, le lavatrici, i forni e così via. Abbiamo poi gli R3, ovvero i grandi schermi, seguiti dagli R4, cioè i piccoli elettrodomestici e tutta l'elettronica di consumo. Infine gli R5, che corrispondono alle sorgenti luminose di vario genere.

Ogni tipologia di rifiuto va trattata in modo differente e spesso con accortezze particolari: basti pensare ai vecchi frigoriferi, contenenti alcuni gas nocivi per l'ambiente come i CFC, oppure ai vecchi telefoni contenenti palladio, un elemento potenzialmente pericoloso eppure altamente remunerativo con un valore superiore a quello di platino e oro.

## I RAEE, da problema a risorsa?

Fino ad alcuni anni fa, di rifiuti elettronici si parlava ben poco. Accecata dalla rivoluzione informatica portata dai personal computer e dagli smartphone, l'umanità non perdeva tempo ad analizzare ciò che la produzione di tali tecnologie comportava a livello sociale e ambientale.

Il tema cominciò ad affacciarsi timidamente agli occhi di consumatori e produttori quando giunsero alla cronaca i primi drammi legati alla superficialità con cui si stavano gestendo i cicli di produzione e smaltimento. Negli anni '90, l'OCSE scoprì infatti la tragedia che si stava perpetrando in alcuni villaggi in Indonesia e Malesia. In questi Paesi si trovavano infatti migliaia di bambine prive della vista a causa dell'industria elettronica. Sfruttate fin da piccolissime, le lavoratrici saldavano per diverse ore al giorno le basi hardware senza alcuna protezione e le esalazioni della saldatura le rendevano cieche in pochi anni, costringendole a tornare a casa, giovanissime, senza un lavoro e senza alcun tipo di assistenza[109].

[109] M. Gisotti, *L'era dei RAEE. 10 anni di Ecodom*, www.yumpu.com/it/document/view/60221560/lera-dei-raee-10-anni-di-ecodom

Questa tragedia non è molto diversa da quella degli attuali sfruttamenti dei giovani africani nelle miniere di cobalto e rappresenta una delle grandi sfide sociali, ambientali e tecnologiche del nostro tempo.

Il volume di dispositivi venduti nel mondo aumenterà ogni anno e servono soluzioni efficienti perché questi oggetti possano essere disassemblati e riciclati in tempi brevi ed economicamente sostenibili per le aziende. Un aiuto potrebbe giungere dalla stessa tecnologia come nel caso di Daisy, il robot creato da Apple per riciclare rapidamente i propri dispositivi.

Evoluzione del primo modello denominato Liam, Daisy è in grado di disassemblare 200 dispositivi all'ora, recuperando materiali importanti che vengono poi riciclati e immessi nuovamente nel processo produttivo. Tra questi anche il cobalto, materiale fondamentale nelle batterie e tra quei minerali cause di guerre civili e sfruttamenti in Africa. Le batterie degli iPhone vengono quindi recuperate da Daisy e inviate a monte della filiera. Qui vengono unite agli scarti provenienti da siti di produzione selezionati e, in questo modo, il cobalto recuperato viene usato per realizzare batterie completamente nuove, creando così un ciclo chiuso per questo prezioso materiale. Ogni robot è in grado di smontare in questo modo 1,2 milioni di pezzi l'anno.

A fronte di un investimento iniziale, l'azienda di Cupertino ha quindi saputo creare un circolo virtuoso della materia dando ai propri prodotti un valore aggiunto importante, riconosciuto da una clientela sempre più attenta ai temi ambientali.

Scegliere la sostenibilità significa in effetti migliorare i propri prodotti e il business. Proprio come ha fatto, più di recente, il colosso dell'e-commerce Amazon lanciando il programma Compact by Design, nuova certificazione creata da Amazon stessa (ma validata esternamente), utile a individuare i prodotti che hanno un design più efficiente. Rimuovendo l'acqua e l'aria in eccesso, i prodotti necessitano infatti di confezioni più piccole e diventano più sostenibili nella gestione logistica. «Su larga scala, queste piccole differenze di peso o dimensioni del prodotto portano a significative riduzioni delle emissioni di $CO_2$», si legge sul sito dell'azienda[110].

## La nuvola nera

In ogni parte del globo, perfino all'interno delle città come Amsterdam, i grandi colossi dell'informatica sono alla continua ricerca di grandi edifici in cui poter collocare i propri immensi data center necessitando di nuovo spazio in cui archiviare i dati da mettere a disposizione degli utenti. Il famoso *cloud*, la "nuvola" su cui vengono salvati i nostri dati e i nostri ricordi, è troppo spesso scambiata per un luogo etereo alimentato da sogni e speranze. Ma la verità è un'altra: quando i nostri dati vengono archiviati online, stiamo solamente facendo lavorare un altro computer in un'altra parte del mondo, con l'aggravante della distanza. Lo stesso vale per ogni e-mail inviata, ogni like, ogni ricerca effettuata su Google, ogni video guardato in streaming.

Secondo le stime di Rete Clima[111] una media di 100 e-mail al mese produce indirettamente quasi 23 kg di $CO_2$ all'anno.

La soluzione? Mandare meno e-mail? Sicuramente[112]. Ma anche disporre di servizi in grado di avere un impatto sull'ambiente più vicino possibile allo zero. Giganti come Apple e

[110] www.amazon.it/b?ie=UTF8&node=22423403031

[111] Elaborazioni di Rete Clima® a partire dal documento ENEA - MiSE, *Uso razionale dell'energia nei centri di calcolo*, 2010.

[112] Per approfondimenti, si veda il capitolo successivo, «Come rendere green l'ufficio».

Google hanno fatto passi grandiosi in questo senso e promettono di essere *carbon free* entro il 2030. Nel frattempo, chi ha un sito web potrebbe pensare di ospitarlo su un provider che garantisce di essere alimentato al 100% da energia rinnovabile. Oppure, possiamo affidarci a tanti piccoli o grandi servizi già attivi, come Treedom[113] o $CO_2$web® di Rete Clima[114] capaci di neutralizzare la $CO_2$ emessa da siti web o server attraverso operazioni di riforestazione, o il motore di ricerca Ecosia[115], che dichiara di donare l'80% dei proventi ricavati dalla pubblicità online a sostegno di programmi di riforestazione in vari Stati del mondo.

*Sostenibilità in 280 caratteri*

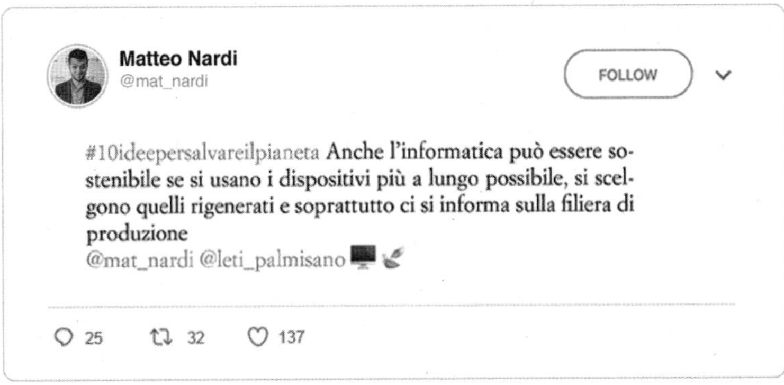


[113] www.treedom.net/it/
[114] www.$CO_2$web.it
[115] www.ecosia.org

**Matteo Nardi**
@mat_nardi

FOLLOW

#10ideepersalvareilpianeta I dispositivi elettronici contengono minerali molto preziosi: una volta arrivati a fine vita, non dimenticare di smaltirli correttamente come RAEE
@mat_nardi @leti_palmisano

45 82 162

# 7. Come rendere green l'ufficio

di Letizia Palmisano

> «Chiamiamo rifiuto tutto ciò che per nostra incompetenza non sappiamo più che farcene. La natura, che ha milioni di anni di esperienza, infatti ritrasforma tutto in un ciclo continuo».
>
> Marco Gisotti[116]

L'ecosostenibilità non si deve fermare sull'uscio di casa, va portata ovunque, anche a lavoro.

## Smart working per un lavoro a metri… zero

È veramente necessario spostarci da casa per lavorare? Grazie a un personal computer, un telefono e a una linea internet, qualsiasi angolo di mondo, dal tavolo della nostra cucina a una terrazza che si affaccia sul mare, può trasformarsi in un ufficio. Lo smart working consente di ridurre notevolmente il traffico veicolare che affligge le strade nelle ore di punta, abbattendo anche le emissioni di gas nocivi e la nostra impronta di carbonio. Rimanendo a casa continueremo a mantenere poi le buone pratiche sostenibili della vita privata anche nel corso delle ore lavorative.

[116] Giornalista e divulgatore, in Italia è uno dei massimi esperti di comunicazione ambientale, *green economy* e *green jobs*.

## Mobilità sostenibile e condivisa

Se non è possibile praticare forme di smart working, ricordiamoci che utilizzare un'auto o il motorino per percorrere il tragitto casa-lavoro, oltre ai consumi "personali" e alle conseguenti emissioni di gas nocivi, contribuisce a ingigantire il traffico che, a sua volta, moltiplica costi e smog. Le alternative? Per i brevi tragitti potremmo iniziare le nostre giornate con una bella passeggiata o con una pedalata fino al luogo di lavoro: l'ambiente, il nostro organismo e il nostro conto in banca otterranno subito dei benefici.

Non mancano poi le soluzioni proposte direttamente dalle aziende, come le imprese che mettono a disposizione dei propri dipendenti app e servizi per il car pooling[117].

## Facciamo luce sul risparmio energetico

Sul luogo di lavoro (come a casa) la regola fondamentale da seguire è una sola: *less is more*! Secondo i dati diffusi dall'ENEA[118] circa il 30% dei «consumi energetici negli uffici sono ricollegabili all'uso di luce artificiale, il 25% al riscaldamento, il 16% alle apparecchiature, come computer, stampanti, fax, fotocopiatrici e scanner, il 9% alla climatizzazione estiva e il 9% per il riscaldamento dell'acqua sanitaria. Questi consumi possono essere ridotti notevolmente, anche più del 50%, progettando degli interventi di riqualificazione energetica

[117] Per approfondimenti si veda il capitolo 4.

[118] www.efficienzaenergetica.enea.it/component/jdownloads/send/40-pubblicazioni/313-risparmio-ed-efficienza-energetica-in-ufficio-come-organizzare-una-campagna-di-sensibilizzazione-guida-operativa-per-i-dipendenti.html

dell'edificio e degli impianti di climatizzazione e illuminazione e informando gli utenti finali sulle possibilità di risparmio derivanti da un uso più attento di apparecchiature e impianti».

È quindi evidente che fare le scelte giuste cambia in maniera sensibile l'importo della bolletta energetica. Come spieghiamo anche nel capitolo dedicato alla casa a minimo impatto e in quello sulla scuola, bisogna sfruttare al massimo la luce naturale. A tal fine, è importante organizzare la disposizione degli arredi presenti nei nostri uffici in modo che le scrivanie siano esposte, nel modo più efficiente, all'illuminazione solare.

In relazione alla luce artificiale, invece, si deve ricorrere a lampadine a risparmio energetico (la parola chiave è LED). Anche in questo caso, utilizziamole solo se è necessario e ricordiamo di spegnerle quando andiamo via o, comunque, non occupiamo più la stanza. Al contempo evitiamo di lasciare in stand-by pc, stampanti, macchine fotocopiatrici e altre attrezzature elettroniche. Qualora poi non venissero utilizzate per un lungo periodo è opportuno staccare il cavo di alimentazione, magari ricorrendo, per praticità, a una presa multipla che gestisca più apparecchi con un solo interruttore.

Per capire l'importanza (e il risparmio) di tale pratica riprendiamo i dati ENEA relativi al consumo energetico di una stampante: solo l'8% avviene in fase di stampa, il 50% circa dell'energia è consumato in modalità stand-by e il 42% quando la stampante è spenta ma con la presa elettrica inserita[119].

Paura di dimenticarvi di spegnere tutto? Niente panico! Grazie a controlli a distanza o ai temporizzatori, si può pre-

[119] www.efficienzaenergetica.enea.it/component/jdownloads/send/40-pubblicazioni/313-risparmio-ed-efficienza-energetica-in-ufficio-come-organizzare-una-campagna-di-sensibilizzazione-guida-operativa-per-i-dipendenti.html

vedere lo spegnimento in orari e giorni nei quali non vi sia nessuno in ufficio. Per le zone meno frequentate, esistono poi sensori di movimento che attivano (o disattivano) il funzionamento di apparecchi elettrici, *in primis* per le luci. Non si correrà così più il rischio di lasciare una sala riunioni con le luci accese, magari per giorni nonostante sia vuota.

## Apparecchiature elettroniche: quali scegliere

Che ufficio sarebbe senza computer e stampanti[120]?

Anche per apparecchi elettronici da ufficio vi sono delle certificazioni utili per distinguere i modelli più efficienti dal punto di vista dei consumi. Potrete cercare modelli recanti il marchio EnergyStar®, l'Ecolabel (il fiore europeo presente per molte categorie di prodotti e servizi) certifica invece che un prodotto o un servizio rispetti l'ambiente in tutto il ciclo di vita.

## Comparare i consumi

Si trovano sul web degli strumenti che consentono di commisurare i consumi energetici e il corrispettivo in termini di emissioni climalteranti, per una scelta più consapevole. Ad esempio esiste un *tool* gratuito messo a punto da Rete Clima,

[120] Spesso peraltro questi non sono affatto gli unici apparecchi elettronici. Climatizzatori, frigo, scaldavivande sono solo alcuni degli esemplari frequentemente presenti sul luogo di lavoro. Come approfondiamo nel capitolo «Una casa a minimo impatto», a guidarci nella scelta degli apparecchi più "amici" del pianeta può essere la classificazione energetica che è, per fortuna, obbligatoria in Europa da molti anni.

in collaborazione con Epson Italia. Conoscendo la potenza elettrica (watt), il calcolatore vi permetterà di stimare le emissioni di $CO_2$[121] degli apparecchi dell'ufficio.

Se non sapete la potenza, ma ad esempio volete comparare alcune stampanti, vi sarà d'aiuto un altro *tool* gratuito, questa volta messo a disposizione dalla stessa Epson Italia[122], che consente di confrontare tra loro modelli di marche diverse e comparare kW consumati e $CO_2$ per poter scegliere tenendo conto anche dell'impatto sull'ambiente.

Per le stampanti un altro elemento da tenere presente riguarda i rifiuti derivanti dall'uso dell'inchiostro. Da un lato ci sono i modelli laser. Come potrete facilmente verificare anche voi con i *tool* indicati, a fronte di un toner che dura per migliaia di stampe, i consumi energetici sono più alti[123] perché, come ci spiega Luca Cassani, *corporate sustainability manager* di Epson Italia, «al loro interno è presente un piccolo "fornello" che raggiunge i 180°, richiedendo un surplus di energia rispetto ai modelli inkjet che si basano su una tecnologia che potremmo definire "a freddo"». D'altro canto solitamente i modelli a getto d'inchiostro, necessitano di ricambi più frequenti di cartucce.

Sia per i toner che per le cartucce, ove possibile, il consiglio rimane l'acquisto dei rigenerati che vengono realizzati riutilizzando quelli esauriti.

Esiste una terza via: le inkjet con flaconi al posto delle cartucce per la ricarica dell'inchiostro. Ci dice Cassani a riguar-

[121] Fonte: www.reteclima.it/progetti/ufficio-efficiente-e-sostenibile/. Il *tool* consente inoltre di scoprire le equivalenze emissive annue dell'hardware preso in esame in termini ad esempio di docce, di bistecche cucinate o chilometri percorsi in auto.

[122] www.epson.it/verticals/eco-savings

[123] www.viviconstile.org/lo-sapevi-che/scuola-e-lavoro/risparmiare-energia-con-la-stampante

do: «I flaconi forniti in dotazione di una Ecotank [modello di stampante che monta questa soluzione, ndr] contengono una quantità di inchiostro equivalente in media a quella di 72 cartucce, con un notevole risparmio non solo ambientale ma anche economico per i costi di stampa».

In ogni caso, prima di procedere all'acquisto di una stampante o una fotocopiatrice, sarà bene capire quale uso in concreto se ne dovrà fare.

Soprattutto nei piccoli uffici, oggi si tende a far ricorso per stampe episodiche a servizi specifici esterni e, così facendo, si ottimizzano costi e spazi.

Quando ciò non sia attuabile, la soluzione migliore è ridimensionare il corretto numero delle stampanti e organizzare una gestione oculata delle stesse all'interno dell'impresa.

## La seconda vita di computer, stampanti e smartphone

Secondo i dati diffusi durante la SERR 2020 (Settimana Europea per la Riduzione dei Rifiuti dedicata ai "rifiuti invisibili"), ogni laptop di nuova produzione ha un'impronta ecologica pari a 1200 kg, dei quali 120 in termini di $CO_2$, quindi emissioni climalteranti. Quando vi serve un pc (o in generale apparecchio elettronico) potreste pensare a un piano B molto più green per il pianeta, rispetto all'acquisto di modelli nuovi: i *device* rigenerati[124].

[124] La garanzia minima di un anno è dovuta per legge e spesso sono possibili estensioni di garanzia (o servizi di manutenzione). Si allunga loro la vita e se ne riduce l'impatto ambientale. Per approfondimenti, si veda il capitolo 6 «Nuvole nere».

## Che clima c'è in ufficio

A casa come a scuola, il clima in ufficio è fondamentale per il comfort, ma questo non vuol dire che non si debba badare agli sprechi. D'inverno si starà bene raggiungendo una temperatura di 18 gradi[125] nella stanza e d'estate impostando una differenza di massimo sei gradi in confronto all'esterno dell'edificio (ma prima provate solo con due o tre gradi di differenza, potrebbero essere più che sufficienti). Prestate quindi attenzione ai termostati, sfruttate l'apertura e la chiusura di finestre e tende: questi semplici gesti consentiranno di ottenere un gran risparmio sulla bolletta energetica. Ricordate poi che è essenziale una corretta manutenzione delle centrali termiche e dei climatizzatori poiché solo un impianto pienamente efficiente evita sprechi energetici.

Vi è un aspetto infine niente affatto trascurabile: la sostenibilità in ufficio passa anche dalla scelta dell'abito. Dal 2005 il governo giapponese invita caldamente gli impiegati a rinunciare al *dress code* "standard" in favore di un abbigliamento che consenta di ridurre la potenza del climatizzatore. Qualche azienda ha seguito l'esempio anche in Italia.

## Salva la carta (e l'inchiostro)

In un mondo dominato dai computer, nel quale è possibile inviare o archiviare centinaia di documenti con un clic o spostare milioni di euro con uno smartphone, è incredibile l'uso (a

[125] www.efficienzaenergetica.enea.it/component/jdownloads/send/40-pubblicazioni/313-risparmio-ed-efficienza-energetica-in-ufficio-come-organizzare-una-campagna-di-sensibilizzazione-guida-operativa-per-i-dipendenti.html

volte l'abuso) che quotidianamente facciamo della carta: come fare a evitare questi sprechi? Innanzitutto la regola è quella di non stampare e fotocopiare i documenti salvo che non sia strettamente necessario. È poi importante saper scegliere la carta da usare. Marchi come Ecolabel UE[126], Blue Angel o Nordic Swan aiutano a individuare prodotti realizzati con un ridotto impatto ambientale. I marchi FSC e PEFC, consentono di sapere quale carta è ottenuta da legno proveniente da foreste gestite in maniera responsabile e sostenibile, secondo standard ambientali, sociali ed economici rigorosi riconosciuti a livello internazionale.

Ulteriore alternativa potrebbe essere quella di utilizzare fogli realizzati con carta riciclata[127]: la qualità di stampa non ne risentirà (anche se a seconda della carta utilizzata come materia prima seconda, potrebbe cambiare leggermente il colore del foglio).

A queste attenzioni si possono affiancare alcune buone pratiche: ricordiamoci di impostare la funzione fronte-retro per ridurre il consumo di carta e utilizzare i fogli di risulta

[126] Ecolabel UE è il marchio di qualità ecologica dell'Unione Europea: contraddistingue prodotti e servizi che, pur garantendo elevati standard prestazionali, sono caratterizzati da un ridotto impatto ambientale durante l'intero ciclo di vita. Fonte: www.isprambiente.gov.it/it/attivita/certificazioni/ecolabel-ue

[127] Per comprendere anche in termini quantitativi il risparmio ambientale derivante dal riciclo, pensate che per produrre una tonnellata di carta da cellulosa vergine occorrono 15 alberi, 440.000 litri d'acqua e 7.600 kWh di energia elettrica, mentre per produrre una tonnellata di carta utilizzando materiale da macero, serviranno zero alberi, 1.800 litri d'acqua e 2.700 kWh di energia elettrica. Fonte: *Carta e Ambiente*, analisi del comparto di produzione della carta per studenti di scuole medie, Ispra, Roma marzo 2005, www.isprambiente.gov.it/public_files/cicli_produttivi/Cartario/CartaeAmbiente.pdf

per prendere appunti. Impostare i margini un po' più stretti ci aiuterà inoltre a ridurre il numero di fogli necessari.

I font infine non sono tutti uguali da un punto di vista ambientale perché alcuni sono più stretti di altri: provate i vostri preferiti e guardate com'è facile ridurre il numero di pagine da stampare. Sul fronte dell'inchiostro (a meno che non stiate stampando foto da appendere in stanza) lasciate di default l'impostazione economy.

## Forniture e cancelleria

Si fa un grande uso di forniture consumabili in ufficio: quante cartelline, penne, evidenziatori! Anche in questo caso è possibile adottare delle soluzioni eco-friendly.

Per cartelle e raccoglitori[128] valgono le regole esposte per i fogli della stampante: optate per gli esemplari realizzati con cartone riciclato o corredato da certificato che assicuri la sua realizzazione con legno da foreste gestite in maniera responsabile. Lo stesso discorso vale per salviette e carta igienica nei bagni.

Dalle penne al nastro adesivo, dalle forbici alla calcolatrice (magari alimentata con un pannellino solare, come quelle inesauribili degli anni '80) sono tante le soluzioni realizzate con plastica riciclata.

Quanti di voi sanno che esistono delle pinzatrici che non hanno bisogno di punti metallici? Come funzionano? In maniera semplice (e geniale): ripiegano un pezzetto di carta esercitando una piccola pressione. Dopo averle provate non potrete più farne a meno!

[128] www.minimoimpatto.com/ecocasa-e-ecoufficio/eco-cancelleria/

## Internet: virtuale non vuol dire a impatto zero

Internet è spesso elemento essenziale (vitale nel lavoro terziario) del nostro quotidiano eppure non ci chiediamo che impatto abbia sull'ambiente. Il fatto che un servizio sia "virtuale", ovvero non sia visibile, non vuol dire che funzioni per magia. Richiede in ogni caso una infrastruttura fisica che a propria volta si alimenta di energia che, a livello mondiale, viene prodotta ancora in buona parte da fonti fossili. Da tutto ciò discende una grande quantità di emissioni di $CO_2$ e gas climalteranti.

Prenderne consapevolezza è importante per poter adottare comportamenti virtuosi.

## E-mail e cloud quanto basta

In base ai dati diffusi in occasione della SERR[129] 2020, sappiamo che l'impatto di un messaggio di posta elettronica di un megabyte è pari a quello di una lampada da 60 watt accesa per 25 minuti, l'invio di 20 e-mail al giorno per 365 giorni l'anno corrisponde in media a 1000 km di emissioni di un'automobile. I dati ci dicono che in un'ora vengono inviati oltre dodici miliardi di missive elettroniche!

La posta elettronica è da usare solo quando serve davvero. Inoltre si può scegliere di condividere la versione più leggera di un allegato o mandare il link dello stesso se già presente online. Meglio togliere le immagini dalle firme digitali e mettere in copia solo persone a cui realmente può interessare la comunicazione. È consigliato cancellarsi dalle newsletter che riteniamo inutili e fare pulizia delle e-mail vecchie. Se infatti

[129] ewwr.eu/ita-settimana-europea-per-la-riduzione-dei-rifiuti/

non le scarichiamo sul computer ma le lasciamo sul server di posta elettronica, questi andranno alimentati per conservarle (continuando a consumare più energia).

Mettiamo a dieta il cloud: in ufficio è normale avere delle memorie "virtuali". Sono i cloud che rendono possibili le condivisioni di documenti tra più persone a distanza e accessibili anche da fuori ufficio (come accade con lo smart working). Sebbene siano strumenti davvero utili, spesso divengono le "cantine" dell'ufficio: ci si dimenticano bozze, vecchi video, cartelle con materiali superati. Fare pulizia ogni tanto consentirà non solo di avere tutto il materiale più ordinato, ma anche di alleggerire l'impatto ambientale dei server che ne rendono possibile la fruizione. Per ciò che va ancora conservato ma che può essere offline, ricordiamoci degli hard disk esterni ancora perfettamente utilizzabili.

## Come fosse casa vostra

Da non dimenticare la raccolta differenziata all'interno del vostro ufficio eliminando il tradizionale cestino unico e sostituendolo con una più razionale ed efficiente pattumiera per la raccolta differenziata. Per quanto riguarda le bevande, evitate di fare acquisti di bottiglie: portate con voi una pratica borraccia e riempitela con l'acqua del rubinetto e, se avete voglia di una bibita calda, potreste utilizzare dei pratici bollitori elettrici per avere, quando ne sentirete il bisogno, tè e infusi.

Trasformate poi la stanza in una piccola oasi verde: basterà introdurre qualche pianta e non solo renderete più confortevole l'ambiente di lavoro, ma potreste migliorare la qualità dell'aria interna riducendo le concentrazioni di formaldeide, VOC e cattivi odori. Piante come pothos e spatifillo, ad esempio, richiedono poca acqua, amano l'ombra e assorbono i più comuni composti organici volatili (VOC per l'appunto!).

*Sostenibilità in 280 caratteri*

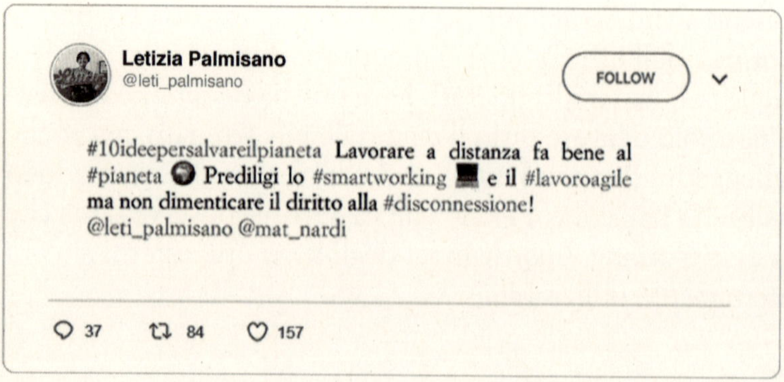

Letizia Palmisano
@leti_palmisano
FOLLOW

#10ideepersalvareilpianeta Lavorare a distanza fa bene al #pianeta 🌍 Prediligi lo #smartworking 💻 e il #lavoroagile ma non dimenticare il diritto alla #disconnessione! @leti_palmisano @mat_nardi

37 84 157

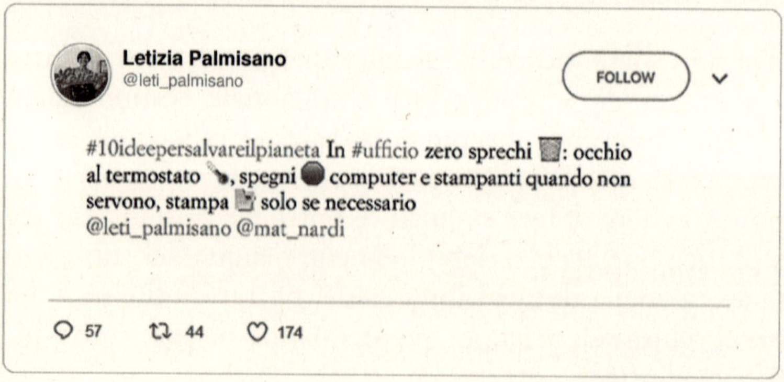

Letizia Palmisano
@leti_palmisano
FOLLOW

#10ideepersalvareilpianeta In #ufficio zero sprechi 🗑: occhio al termostato 🌡, spegni ⚫ computer e stampanti quando non servono, stampa 📄 solo se necessario @leti_palmisano @mat_nardi

57 44 174

# 8. Un futuro all'ombra

di Matteo Nardi

*«I am at home among trees».*
J.R.R. Tolkien, *The Lord of the rings, The fellowship of the ring*

Mi ha sempre colpito la capacità della lingua giapponese di condensare in pochi ideogrammi concetti semplici ma dal significato contemporaneamente profondo e sfaccettato. Prendiamone uno in particolare, quello dell'*Hibakujumoku* 被爆樹木: questo termine giapponese, o sarebbe meglio dire "insieme di concetti", viene utilizzato per indicare uno dei migliaia di alberi che, investito dalle terribili esplosione del 1945 su Hiroshima e Nagasaki, è sopravvissuto e rigermogliato dalle proprie radici. Non credo possa esistere un modo migliore di rappresentare la resilienza e la resistenza della natura di fronte alla violenza e scelleratezza umana: tali alberi sono infatti diventati negli anni simboli ineguagliabili di pace, rappresentazioni viventi della forza incontrovertibile della natura, per il Giappone e il mondo intero.

Il poeta e rivoluzionario cubano José Martí riteneva vi fossero tre cose davvero importanti da fare durante la propria esistenza: piantare un albero, avere un figlio e scrivere un libro. Scrivere un libro richiede tempo, conoscenze e dedizione, avere un figlio è uno stravolgimento della propria esistenza e in ogni caso non tutti ne hanno possibilità. Piantare un albero, invece, è un gesto di una semplicità disarmante, ma contemporaneamente capace di apportare cambiamenti tangibili a breve e lungo termine, in noi stessi e nell'ambiente che ci circonda.

## Alberi ovunque, ma soprattutto alberi in città

Le città, dove già ora si concentra la produzione di circa il 70%[130] delle emissioni di gas serra, saranno sempre più responsabili della crisi climatica. È nelle metropoli, del resto, che la maggior parte della popolazione mondiale si trasferirà a vivere nei prossimi anni ed è quindi realistico pensare che questo primato non potrà che consolidarsi. Il verde urbano, soprattutto le foreste urbane, gioca quindi un ruolo cruciale nella difesa dell'ambiente e della salute dei cittadini.

Cerchiamo di definire il contesto: quando parliamo di foreste urbane non dobbiamo immaginare una sterminata distesa verde di alberi (impossibile per definizione in una città). Intendiamo, piuttosto, una singola unità vivente costituita dall'intera rete delle alberature stradali, dai boschi presenti nelle ville e giardini più grandi, dai piccoli gruppi sparsi di alberi e perfino dalle singole piante che si trovano in aree urbane e periurbane. Secondo tecnici, urbanisti, scienziati e ambientalisti, tali foreste rientrano tra le cosiddette *green infrastructures*, le infrastrutture verdi che ci permettono di far fronte ai cambiamenti climatici attraverso soluzioni naturali e costi contenuti, ottenendo importanti miglioramenti nel tempo. Esse si affiancano, e talvolta si contrappongono, alle *grey infrastructures*, ovvero quelle opere ingegneristiche spesso molto costose che hanno il ruolo di agire in modo emergenziale sui sintomi di una malattia, senza però curare direttamente le cause.

[130] www.c40.org/why_cities

## Quali sono i benefici specifici degli alberi?

Dell'importanza degli alberi per l'ambiente e la salute si parla troppo poco e spesso in modo molto superficiale. Dalla riduzione del particolato alla mitigazione della temperatura, i benefici degli alberi sono infatti una vera e propria costellazione di doni che la natura ci mette a disposizione.

Le foreste gestite in maniera corretta, legale e sostenibile sono in grado di fornire i cosiddetti servizi ecosistemici, ovvero i benefici multipli forniti dagli ecosistemi al genere umano.

I servizi ecosistemici degli alberi, dei boschi e delle foreste possono essere classificati in quattro categorie principali: supporto alla vita (il contributo dato alle sostanze nutritive presenti nel suolo), approvvigionamento (produzione di cibo e materie prime), regolazione (contrasto al cambiamento climatico, filtraggio dell'acqua) e cultura (miglioramento estetico delle aree in cui sono piantati, funzioni spirituali, educative e ricreative).

## Un albero rende la nostra aria più respirabile

Il fatto che gli alberi rendano migliore l'aria che respiriamo è un concetto profondamente radicato nel sentire comune. Nessuno avrebbe il coraggio di metterlo in discussione poiché è un fatto empiricamente verificabile con estrema semplicità: basta il proprio naso. Gli alberi con le fronde, i rami e le foglie sono infatti la prima e più importante barriera di difesa contro le particelle sottili emesse dal traffico veicolare e dai sistemi di riscaldamento. Ogni combustione, perfino il logorio dei freni e l'attrito delle gomme sull'asfalto, produce polveri in grado di penetrare nel nostro sistema respiratorio. Con quasi 60.000 decessi prematuri ogni anno l'Italia è lo Stato membro UE più colpito in termini di mortalità connessa a queste polveri e il ruolo degli alberi nella riduzione di tali particelle è fondamentale: si calcola infatti che ogni ettaro di foresta urbana sia in grado di assorbire fino a 37 kg di PM10, sottraendola ai nostri polmoni[131]. È per questo che quando ci ritroviamo in un parco percepiamo l'aria come più salubre, pulita e leggera.

## Pianta un albero, salva il clima

Un po' come il battito di farfalla in grado di generare tempeste dall'altra parte del globo, piantare alberi in qualunque parte del pianeta può avere effetti sul nostro intero ecosistema. L'attuale crisi climatica è dovuta in larga parte all'attività antropica dell'ultimo secolo e mezzo che ha generato un sovraccarico di gas climalteranti come $CO_2$, $CH_4$, $NO_2$. Tali gas hanno la spiacevole capacità di intrappolare le radiazione solari all'interno della nostra atmosfera aumentando la temperatura del pianeta. Le città sono le maggiori produttrici di questi gas, in particolare della $CO_2$, il gas potenzialmente più pericoloso, poiché capace di rimanere nell'atmosfera in modo molto più persistente, creando quindi danni a lungo termine.

Un'automobile a benzina produce circa 180 g di $CO_2$ ogni chilometro percorso[132], mentre gli alberi grazie alla loro capacità di sequestrare la $CO_2$ attraverso la fotosintesi sono in grado di immagazzinare carbonio nella biomassa vegetale e poi nel suolo (e costituire i cosiddetti *carbon sink*). Sebbene sia difficile generalizzare, si può calcolare che una pianta con

[131] www.minambiente.it/sites/default/files/archivio/allegati/sviluppo_sostenibile/iii_rapporto_stato_del_cn_maggio2020.pdf

[132] Il limite legale per le Euro VI è di 130 g/km, ma le stime di Legambiente su dati INEMAR (INventario EMissione ARia) regione Lombardia 2017 identificano in 180g/km la quantità reale.

caratteristiche nella media e situata in una città dal clima temperato sia in grado di assorbire tra i 10 e i 30 kg $CO_2$/anno[133]. Di quanti alberi avremmo quindi bisogno per contrastare la $CO_2$ emessa ogni giorno dalle nostre vite? Semplice: di più.

Per questo, accanto alle numerose e lodevoli iniziative di privati e di tante associazioni ambientaliste, sono nate nel mondo realtà che si occupano per mestiere proprio di riforestazione.

In Italia un primo esempio è quello di Rete Clima, una non profit che promuove azioni di Corporate Social Responsibility (CSR) e di sostenibilità nel settore privato e degli appalti pubblici. Tra i vari progetti, Rete Clima ha messo a punto il Percorso emissioni $CO_2$ zero® che consente di valutare e gestire le emissioni di gas serra di prodotti, servizi, organizzazioni, mobilità ed eventi. Tali emissioni vengono compensate sviluppando progetti di nuova forestazione urbana in Italia per rinaturalizzare il territorio locale e contrastare il cambiamento climatico globale.

Altra realtà italiana è Azzero$CO_2$, società di servizi energetici e ambientali che offre ad aziende ed enti pubblici la possibilità di contribuire attivamente a ridurre le emissioni dei gas serra. Insieme a Legambiente, porta avanti dal 2018 la campagna Mosaico verde, nata con lo scopo di facilitare l'incontro tra le necessità degli enti locali di recuperare aree verdi e la volontà delle aziende di investire risorse nella creazione o tutela di boschi permanenti, come misura di responsabilità sociale d'impresa. Entro il 2021 la ESCo[134] stima di superare i 500.000 alberi piantati in Italia.

[133] www.reteclima.it/l-albero-mangia-la-co2/

[134] Le Energy Service Company (ESCo) sono società che effettuano interventi finalizzati a migliorare l'efficienza energetica, assumendo su di sé il rischio dell'iniziativa e liberando il cliente finale da ogni onere organizzativo e di investimento.

## All'ombra dei rami

Se durante l'estate tutti fuggono dalla città in cerca di un riparo dal caldo insopportabile è perché la temperatura delle metropoli è sempre più alta. Il problema è empiricamente verificabile e scientificamente dimostrabile: le città in cui viviamo, così importanti per l'economia ma così lontane dall'offrirci una vita salutare, sono vittime delle cosiddette isole di calore, ovvero di quel fenomeno meteorologico che determina un microclima più caldo della media stagionale in una determinata area. Questo aumento è determinato da una serie di concause, prima delle quali è senz'altro l'eccessiva diffusione di cemento e asfalto. Tali superfici infatti si surriscaldano e accumulano calore che nemmeno il vento riesce a dissipare a causa delle mura perimetrali degli edifici che impediscono a questo di soffiare come dovrebbe. Emblematica da questo punto di vista la leggenda secondo la quale negli anni '80 la costruzione di Corviale, il celeberrimo palazzo/quartiere nella periferia romana, avrebbe definitivamente "ucciso" il vento Ponentino, famoso fin dall'antichità per la sua capacità di rinfrescare la capitale. Come tutte le leggende affonda le sue radici in verità scientifiche dato che è indubbia la capacità dei palazzi di deviare in qualche modo le correnti d'aria, a maggior ragione se tali palazzi sono lunghi 958 metri e alti 30, come nel caso del "serpentone" di Corviale.

Le caratteristiche dell'ambiente cittadino appena elencate vanno ad aggiungersi ovviamente al traffico veicolare e contribuiscono a far sì che le aree urbane possano avere una temperatura di 3°C superiore rispetto a quella delle aree rurali.

A differenza del cemento e dell'asfalto, le aree verdi sono vive e come tali lavorano costantemente per ridurre la propria temperatura. Gli alberi infatti, quando si surriscaldano, sudano proprio come gli essere umani emettendo, tramite il processo di evapotraspirazione, vapore acqueo dalla chioma che contribuisce ad abbassare la temperatura della pianta e di tutto l'ambiente circostante. Inoltre, grazie all'ombra proiettata sul suolo, gli alberi possono contribuire a una riduzione della temperatura delle aree ombreggiate fino a 3,5°C[135] e quindi anche a una riduzione dell'uso dei condizionatori nella case in ombra fino al 30%[136].

## Gli alberi sono belli

Secondo il rapporto sullo stato del Capitale Naturale del Ministero della transizione ecologica[137], i servizi ecosistemici in Italia hanno un valore che si stima arrivi a superare i 220 miliardi di euro l'anno. Benefici immensi, quindi, ma spesso poco tangibili e non direttamente produttori di ricchezza e PIL. Esempio concreto è quello del rischio idrogeologico (che vedremo tra poco) in cui gli alberi hanno un ruolo cruciale, permettendo di prevenire emergenze (drammatiche dal punto di vista umano ed economico) e risparmiare molto denaro che andrebbe altresì speso in infrastrutture di contenimento e bonifica.

C'è però un settore in cui la presenza di alberature ha una ricaduta economica diretta e tangibile, ed è quello dell'edilizia. La presenza di alberi permette infatti di migliorare l'aspetto e

[135] AA.VV., *Scale-dependent interactions between tree canopy cover and impervious surfaces reduce daytime urban heat during summer*, in «Pnas» 2019, www.pnas.org/content/116/15/7575

[136] www.fao.org/news/story/it/item/1172012/icode/

[137] www.minambiente.it/sites/default/files/archivio/allegati/sviluppo_sostenibile/II_Rapporto_Stato_CN_2018_3.pdf

la vivibilità dei quartieri in cui vengono collocati e, secondo alcuni studi[138], consente di aumentare il valore degli immobili adiacenti anche del 20%[139]. Gli alberi, inoltre, sia dal punto di vista ambientale che estetico, sono portatori di quelle che vengono definite esternalità positive: piantare un albero non comporta infatti beneficio solo al proprietario del giardino in cui viene messo a dimora, bensì a un'intera comunità.

## Regolazione acqua e rischio idrogeologico

Tra il 3 e il 4 ottobre del 2020, nell'arco di poche ore, sull'Italia nord-orientale cadde l'equivalente dei sei mesi precedenti di precipitazioni con valori sorprendenti, maggiori del record di precipitazioni registrato nell'area nel 1958[140]. Alla tragedia umana con morti, feriti e dispersi si aggiunsero danni economicamente disastrosi. Colpa del tempo impietoso e del cambiamento climatico? Certo, ma non solo. La gestione e la messa in sicurezza a livello idrogeologico è infatti un punto davvero dolente del nostro Paese: l'ISPRA ci dice che il 91% dei comuni italiani, in cui risiedono 3 milioni di nuclei familiari, si trova in aree a rischio idrogeologico. Tra le cause ci sono l'impermeabilizzazione del terreno cementificato e la mancan-

[138] U.S. Forest Service citato in *Strategia nazionale del verde urbano*, Ministero dell'ambiente e della tutela del territorio e del mare, www.minambiente.it/sites/default/files/archivio/allegati/comitato%20verde%20pubblico/strategia_verde_urbano.pdf

[139] Gli alberi, come tutte le altre infrastrutture e servizi che migliorano i quartieri, devono a maggior ragione essere distribuiti in modo uniforme sul suolo urbano per evitare il fenomeno della gentrificazione, ovvero dello sviluppo di differenziazioni sociali per l'aumento dei valori catastali degli immobili che non sono più alla portata di tutti.

[140] twitter.com/ArpaPiemonte/status/1312326261089075 2

za di infrastrutture verdi, capaci di mitigare a monte gli effetti di fenomeni atmosferici estremi che sono e saranno sempre più frequenti a causa del cambiamento climatico.

Anche in questo caso gli alberi sono amici silenziosi che ci vengono in aiuto riducendo l'erosione del suolo grazie alle radici, contrastando lo scorrere dell'acqua durante le forti piogge e soprattutto stabilizzando gli argini dei fiumi.

## Piantare alberi per i nostri figli

In ogni religione si ritrovano alberi sacri. Del resto la loro forma ha stimolato la fantasia dell'uomo da sempre: le radici all'interno della terra e la chioma che punta al cielo sono simbolo concreto e indissolubile del legame tra l'uomo e le divinità. Le foreste costituiscono ambienti naturali il cui valore sacro, ancor prima che religioso in senso stretto, è percepito universalmente. A differenza dei centri commerciali definiti dall'antropologo francese Marc Augé "non luoghi", i boschi sono effettivamente "luoghi", dove le persone possono incontrarsi e interagire, contribuendo alla creazione di identità.

Gli alberi ci offrono, come abbiamo visto, protezione perfino da noi stessi. Ci danno nutrimento, aria e vita. Gli alberi e le foreste meritano di essere protetti, curati, gestiti e ampliati. Abbiamo bisogno di alberi e, soprattutto, ne hanno bisogno i nostri figli.

**Matteo Nardi**
@mat_nardi

FOLLOW

#10ideepersalvareilpianeta **Piantare** #alberi **significa costruire il futuro. Gli alberi fanno bene all'ambiente e alle persone: un gesto semplice ma che permette di ridurre l'inquinamento e combattere il** #cambiamentoclimatico
@mat_nardi @leti_palmisano 🌲🌳

35 12 117

# 9. Come organizzare feste e matrimoni ecosostenibili

di Letizia Palmisano

«Se teniamo conto del fatto che anche l'essere umano è una creatura di questo mondo, che ha diritto a vivere e a essere felice, e inoltre ha una speciale dignità, non possiamo tralasciare di considerare gli effetti del degrado ambientale, dell'attuale modello di sviluppo e della cultura dello scarto sulla vita delle persone».

Papa Francesco, *Laudato si'*

Condividere con gli altri i giorni di festa è una gioia. Che si tratti di un compleanno, un battesimo o il matrimonio, che si sia in dieci o in cento, durante la vita di ognuno di noi non mancano i momenti di ritrovo e di giubilo. Chi li organizza, cerca di pianificare tutto in ogni dettaglio affinché siano occasioni piacevoli, se non addirittura memorabili.

Una cena in casa non è certo comparabile con le nozze: dall'organizzazione alle risorse da impiegare, cambia davvero praticamente tutto (o quasi). Ho quindi deciso di riportarvi in chiave eco-friendly esempi sia di uno sposalizio che quella delle più classiche delle solennità in famiglia, il Natale. Con piccole modifiche, tutti gli eventi sono riadattabili alle piccole o grandi occasioni.

## Cerimonie green: ecco come realizzare un matrimonio (o un grande evento) sostenibile

Per i protagonisti è uno dei ricordi più belli della loro vita. Parliamo delle nozze[141], festa la cui preparazione, con le dovute proporzioni, viene replicata per battesimi, comunioni, fidanzamenti, lauree e compleanni importanti. Le cose da fare sono davvero tante (come, solitamente, le risorse da impiegare).

Proviamo a parlare delle principali e di come renderle green.

### Il posto giusto per la cerimonia

Chi non ricorda di aver partecipato ad almeno un matrimonio nel quale ci si è chiesti: "riuscirò mai a ritrovare la strada di casa?". Questo avviene perché non sempre si tiene nella giusta considerazione l'importanza di festeggiare in posti che siano facili da raggiungere dal maggior numero di invitati.

Viviamo in un Paese ricco di perle disseminate lungo tutto il territorio. Un buon punto di partenza potrebbe essere confrontare le location tra quelle più vicine a voi o alla maggior parte degli invitati, tenendo d'occhio anche la distanza tra luogo della celebrazione e quello del banchetto. Sono poi innumerevoli le strutture che, oltre a ospitare il ricevimento, propongono cappelle e chiesette nonché sale specifiche riconosciute come case comunali per la celebrazione del rito civile, così da non essere costretti a spostarvi. Alcuni operatori offrono inoltre la possibilità di far soggiornare all'interno del medesimo complesso gli invitati "fuori sede" che, quindi, non saranno costretti a tenere costantemente sott'occhio l'orologio.

[141] Esistono anche servizi di green wedding planning, come Viridi di Donatella D'Annibale, www.viridiwedding.it

Queste accortezze eviteranno ai vostri ospiti di effettuare lunghe traversate automobilistiche con relativi sprechi di carburante ed emissioni climalteranti. Quando "logisticamente" possibile, assieme all'invito potreste dare l'indicazione di come raggiungere le location con i mezzi di trasporto pubblico, oppure, se non è troppo lontano, perché no, in bicicletta!

Vi è inoltre chi organizza un servizio di car pooling tra gli invitati o di taxi collettivi: l'impronta ecologica dell'evento scenderà e gli ospiti giungeranno a destinazione in tempi brevi, in pieno relax e senza l'assillo di monitorare costantemente il navigatore o di trovare parcheggio.

## Occhio all'ora

In merito all'orario giusto, non esiste una soluzione unica per tutte le stagioni: per chi, ad esempio, ha scelto un mese invernale, è più indicato organizzare la celebrazione a metà mattinata per poi proseguire la giornata con un pranzo di matrimonio sfruttando la luce solare. Chi al contrario ha deciso di sposarsi in un mese estivo farà bene a spostare di qualche ora le celebrazioni e organizzare una cena evitando, a se stessi e agli ospiti, di boccheggiare sotto il solleone e comunque di utilizzare a pieno regime i condizionatori.

## Ricevimento: *less is chic*

Che sia un pranzo o un aperitivo, l'obiettivo è rendere il banchetto memorabile. Perché non farlo sotto un'indimenticabile luce green? Solitamente si seguono i consigli di (eco) wedding planner, del catering o del location manager. Comunicare loro in anticipo la vostra intenzione di realizzare una festa che non abbia l'impatto di una petroliera li aiuterà a indicarvi le opzioni più adatte ai vostri gusti e a esigenze *low impact*.

### Che *mise en place*!

L'allestimento della sala è un aspetto che si cerca di curare nel dettaglio perché tutto sia inappuntabile.

Per quanto riguarda gli addobbi, come ad esempio i centrotavola, optate per soluzioni green come piante ed elementi vegetali che, al termine dell'evento, possono essere donati agli invitati. Chiedete poi al location manager che tutto sia *plastic free*: tovaglie di stoffa, piatti in ceramica o raffinata porcellana, e quando non è possibile ricorrere a soluzioni riutilizzabili[142], sappiate che esistono stoviglie monouso certificate compostabili.

### Solo perché è verde non vuol dire che sia sostenibile

Per quanto riguarda i fiori c'è da fare una premessa: non sempre sono sinonimo di sostenibilità, anzi, possono essere assolutamente un "peso" per l'ambiente.

*In primis*, è preferibile che i fiori utilizzati nelle composizioni provengano da coltivazioni italiane, il più vicino possibile ai luoghi della celebrazione e siano di stagione. L'impiego di boccioli stranieri, magari coltivati in serra, comporta un ingente consumo di risorse legate al trasporto in celle frigorifere, con conseguente crescita delle emissioni di $CO_2$. Inoltre, il tema delle condizioni di lavoro in alcune aree del mondo di coloro che

[142] Come accade a volte per il finger food negli aperitivi o in alcune soluzioni all'aperto, ad esempio in un picnic.

coltivano e preparano per la spedizione i fiori[143] non dovrebbe lasciarci del tutto indifferenti. Una valida soluzione è rappresentata dall'addobbo con piante (noleggiabili) o dai fiori di campo.

È possibile realizzare composizioni originali con carta, legno certificato o con materiali riciclati. In ogni caso, qualunque sia la vostra scelta, la regola aurea rimane: mai eccedere perché *less is chic... and green*.

## Un menu a misura di pianeta

Oltre alla forma, c'è bisogno di sostanza: parliamo del menu[144].

Optate per la tradizione dei luoghi che vi ospitano scegliendo prodotti a km zero, di stagione e biologici. Una soluzione del genere vi consentirà di aiutare il pianeta riducendo le emissioni di $CO_2$ legate al vostro matrimonio.

All'attenzione alla qualità bisogna affiancare quella per la quantità: per un retaggio culturale che tarda a scomparire, ci

143 Prima di innamorarvi di un particolare tipo di bouquet, controllate quali fiori sboccino nella stagione della data e informatevi bene da dove arrivino. Un modo per andare sul sicuro è scegliere fiori e piante corredate da certificazioni che garantiscono il rispetto dei diritti umani e ambientali, come ad esempio: FLP (Flower Label Program), FLO (Fair Labelling Organisation), FFP (Fair Flowers Fair Plants). Anche in Italia esistono certificati, come Piante e fiori d'Italia che assicura la provenienza autoctona, o come Fiore Giusto che recepisce lo standard di FFP, la fondazione internazionale che garantisce una produzione di fiori e piante a livello mondiale nel rispetto dell'ambiente e dei lavoratori.

144 Per avere maggiori informazioni sull'impatto ambientale del cibo in termini di *carbon footprint* e per capire quanto spreco venga prodotto nel mondo e in Italia, si consiglia la lettura di F. Ciconte, *Fragole d'inverno. Perché saper scegliere cosa mangiamo salverà il pianeta (e il clima)*, Laterza, Bari 2020.

si sente in obbligo di ingozzare i partecipanti. Questo atteggiamento ha un effetto assai negativo sulla salute delle persone e per l'ambiente[145].

## Fedi: anelli d'amore, anche per il pianeta

Sia bianco o giallo, l'oro[146] è per tradizione il metallo maggiormente utilizzato per le fedi, simbolo dell'unione matrimoniale; tuttavia, dietro al suo luccichio, si possono celare ombre. Vi siete mai chiesti da dove arriva, come e da chi viene estratto? Per ottenere il metallo giallo si frantumano le rocce che contengono vene aurifere. Dopodiché il processo di lavorazione prevede l'impiego di mercurio e cianuro per riuscire a separare il materiale prezioso dal resto[147].

Fortunatamente, per suggellare l'unione degli sposi, esistono alternative ecosostenibili. Potreste optare per una scelta green che, al contempo, vi consentirebbe un notevole risparmio economico: mettere insieme vecchi ciondoli, gioielli rotti, fuori moda o semplicemente che non utilizziamo più: perché

[145] Secondo l'ISPRA le emissioni annue di $CO_2$ legate allo spreco alimentare sono pari a circa 3,3 miliardi di tonnellate, pari a circa il 7% delle emissioni di gas serra globali (ISPRA rapporto 2019 *Spreco alimentare: un approccio sistemico per la prevenzione e la riduzione strutturali*, www.isprambiente.gov.it/it/pubblicazioni/rapporti/spreco-alimentare-un-approccio-sistemico-per-la-prevenzione-e-la-riduzione-strutturali-1). Questo fenomeno è purtroppo assai diffuso: in India, Paese dove una gran fetta della popolazione soffre la fame, lo spreco di cibo nei banchetti di nozze ha raggiunto livelli tali da spingere il legislatore a imporre dei limiti.

[146] Una diversa possibilità rispetto alle tradizionali fedi può essere il virare verso materiali diversi come il rame, l'alluminio o addirittura di legno!

[147] Per approfondire: www.focus.it/tecnologia/innovazione/la-produzione-dell-oro-diventera-ecologica. Per saperne di più suggeriamo di visitare www.giovannabellinigioielli.com/miniere-e-inquinamento

non fonderli per forgiare nuove fedi? In mancanza di monili da riciclare, è importante che sappiate che esistono filiere certificate di estrazione dei preziosi come quelle Fairtrade[148] e Fairmined[149] a garanzia che il metallo sia stato estratto in maniera ecosostenibile all'interno di miniere ove gli addetti lavorano in condizioni di sicurezza e nel pieno rispetto della persona.

## Che partecipazioni!

Nell'era del web, la stampa di centinaia di cartoncini, l'imbustamento e la spedizione può essere sostituita da un semplice clic: con una e-mail (o un messaggio WhatsApp con una grafica personalizzata o un video) potrete inviare la partecipazione virtuale agli invitati che, fra l'altro, non avrebbero il disturbo di custodire la busta avendo tutti i dettagli dell'evento a portata di device.

Tuttavia, per chi non vuole rinunciare al rito della lettera, esistono varie soluzioni green. Nel mercato tipografico sono diffusi gli operatori che utilizzano carte provenienti da cartiere italiane, riciclate o con cellulosa vergine da filiera controllata (FSC o PEFC) nonché inchiostri naturali e atossici. Vi è poi da dire che in questo ambito la fantasia non ha limiti. C'è ad esempio chi ama stupire i propri invitati con inviti seminabili! Avete capito bene: nella carta sono inseriti dei semi che potranno essere piantati (con tutta la partecipazione) dopo l'evento[150].

[148] www.fairgold.org

[149] www.fairmined.org

[150] Il messaggio della partecipazione può avere inoltre un doppio valore. Sono molti i progetti tipografici solidali promossi da onlus molto serie che impiegano lavoratori diversamente abili o i cui proventi vengono destinati a finanziare progetti di solidarietà in Italia e nel mondo.

## Bomboniere: quel dono che vale di più

La bomboniera viene donata per custodire la memoria di un bel momento, ma rischia di trasformarsi in una cianfrusaglia che finisce per raccogliere polvere su qualche mensola o in un cassetto. Accessorio effettivamente non indispensabile, vi è chi decide di sostituirla del tutto, magari devolvendo a un ente benefico le somme che altrimenti sarebbero state destinate a questa voce di spesa, informando gli invitati con un bigliettino inserito nei confetti.

In alternativa considerate di scegliere sapori del territorio come un vasetto di miele o di marmellata biologica o un sacchetto di semi per far rifiorire il ricordo del vostro giorno più bello.

## L'abito indimenticabile

Se si ripensa a un matrimonio, il vestito da sposa è uno degli elementi che restano maggiormente impressi nella memoria dei festeggiati e degli invitati, ma a ben riflettere dietro il suo candore si possono celare lunghe ombre sulla sua ecosostenibilità.

Il vestito solitamente meraviglioso, dopo una giornata di festa, ha come destino l'essere riposto in un armadio per non essere mai più utilizzato[151], fenomeno che con le dovute proporzioni si ripete spesso in battesimi o comunioni.

Vediamo alcune alternative.

[151] Viceversa gli uomini solitamente prediligono un vestito classico, sfruttabile per anni in più occasioni.

## L'abito da sposa dal cuore verde

La migliore forma di risparmio in termini economici ed ecologici anche per il nostro vestito è sempre una: il riuso.

Si può partire dal controllare all'interno del proprio guardaroba (o in quello di una parente o di un'amica) per individuare un vestito da cerimonia adatto all'occasione, al quale potrete aggiungere alcuni accessori che lo renderanno unico.

Non volete rinunciare al bianco e allo strascico? Un'idea è far ricorso al vestito da sposa di vostra madre, di una zia o ricorrendo a quegli atelier che hanno un settore *second hand* o che prevedono un vero e proprio servizio di noleggio. In quest'ultimo caso, a fronte di una spesa contenuta riuscirete a indossare un abito meraviglioso senza neanche il fastidio di dover trovare spazio per riporlo nell'armadio.

Anche nel caso di un abito completamente nuovo le idee green sono molte.

Le persone più esperte nell'arte del taglio e del cucito potranno cimentarsi nella creazione del proprio vestito da sogno magari utilizzando materie prime provenienti da una filiera equosolidale. Ad esempio? Potrete provare fibre vegetali come la canapa, il bambù, la seta, il cotone biologico o il lino. Altrimenti potrete rivolgervi alle stiliste specializzate nella lavorazione di tessuti naturali.

Una volta terminata la giornata, fate in modo che il vostro abito consenta ad altre spose di vivere una giornata speciale e quindi prestatelo ad amiche o parenti per la loro cerimonia o, addirittura, donatelo ad associazioni non profit che consentiranno a donne meno fortunate di poter vivere una giornata da sogno.

## Regali di nozze: per il pianeta, nulla è lasciato al caso

Gli anelli e le bomboniere non sono le uniche cose che si scambiano in occasione di un matrimonio: i doni nuziali[152] rappresentano infatti un elemento essenziale con i quali gli invitati ringraziano gli sposi per essere stati partecipi della lieta occasione. Al contempo però possono essere un motivo di preoccupazione che spesso sconfina nella vera e propria seccatura: nessuno vuole donare un oggetto non gradito o un doppione.

Negli ultimi anni, a dispetto del naso arricciato di qualche cultore del bon ton, si è diffusa largamente la moda delle liste nozze: sono gli sposi a suggerire i regali con elenchi online o presso negozi e agenzie. Questa modalità evidentemente evita di ricevere oggetti sgraditi, inutili o che già si possiedono e, nel contempo, sottrae gli invitati dall'ansia di fare una scelta sbagliata.

Due sono le indicazioni sempre più frequenti: poter regalare un pezzetto di un viaggio indimenticabile, oppure lo scegliere tra un elenco di oggetti dei quali gli sposi hanno realmente bisogno. Nel caso lista "luna di miele", tanti tour operator organizzano percorsi nel rispetto delle culture locali e dell'ambiente, garantendo (ove fattibile) spostamenti a ridotto impatto ambientale attraverso percorsi a piedi, in bicicletta, a bordo di barche a vela e canoe o addirittura inforcando gli sci, prevedendo poi pernotti in strutture eco-friendly, magari prediligendo guide che spieghino come agire e muoversi in

[152] Se pensate di avere già tutto, potreste adottare una scelta davvero regale. Come? Lasciandovi ispirare da Kate Middleton e William, duca di Cambridge, e Meghan Markle ed Harry, duca di Sussex, i quali, per le loro nozze reali, individuarono un elenco di associazioni benefiche ambientaliste e umanitarie da poter sostenere.

armonia con i luoghi e le tradizioni dei posti che si andranno a visitare.

Per la lista di nozze più tradizionale poi aumentano le realtà che propongono a futuri sposi selezioni di beni per la casa equosolidali, dell'artigianato *fairtrade* realizzati all'interno di progetti etici a sostegno dei diritti lavoratori. In ogni caso, per chi ricerca prodotti di diversa fattezza, non mancheranno certo le alternative tra le tante realtà italiane, sparse sul territorio, che realizzano capolavori di ceramica, porcellana e cristalleria, magari nella propria regione.

Nell'individuazione degli elettrodomestici, rammentate sempre di optare per quelli con classe energetica A. Se invece siete alla ricerca di elementi di arredo potrete scegliere mobili realizzati con legno certificato da foreste gestite responsabilmente o con il logo europeo Ecolabel che garantisce che l'arredo sia a minor impatto ambientale (ceramiche e tessuti inclusi).

## La seconda vita dei doni non graditi

Non c'è lista che tenga: alcuni doppioni o comunque i regali non graditi finiscono (quasi) sempre per arrivare. Evitate di stoccarli in garage o in cantina dove costituirebbero un inutile deposito. Regalateli a chi sapete possa apprezzarli, scambiateli – magari con uno *swap party* – o, in alternativa, portateli in uno dei tantissimi negozi dell'usato sparsi sul territorio italiano. Non sappiamo cosa dica a riguardo il galateo classico, ma l'ambiente molto probabilmente ringrazierà.

## Natale, party e compleanni: le feste diventano green

Vi sono ricorrenze meno solenni di un matrimonio ma durante le quali è bello stare in compagnia, aprendo le porte delle nostre case ad amici e parenti. Anche in tali casi, se ci si "distrae", si rischia di dimenticare il rispetto per l'ambiente e si abbonda di plastica, rifiuti e non solo.

Tra le festività più importanti, probabilmente la regina è il Natale, presente nelle nostre case per circa un mese. Partiamo quindi da qui, ricordandovi che buona parte dei consigli sarà universalmente valida per ogni party in casa: dalla Pasqua a un compleanno, a una cena con più ospiti.

### Albero vero o finto?

Che Natale sarebbe senza il consueto albero? Per cominciare, va sfatato il falso mito che quello "ecologico" sia quello artificiale. La materia prima impiegata per produrre un albero di plastica è essenzialmente il petrolio e, a fine vita, andrà smaltito come rifiuto speciale. Secondo i dati divulgati da PEFC Italia[153] le emissioni ricollegabili alla produzione e allo smaltimento di tali decorazioni sono quattro volte superiori a quelle di un abete naturale[154].

[153] Fonte: filierasolidalepefc.it/2019/12/13/a-natale-albero-vero-o-albero-finto-pefc-ha-la-risposta-sostenibile/; PEFC Italia cita inoltre uno studio di Coldiretti secondo il quale per realizzare i cinque milioni di abeti in plastica che mediamente ogni anno vengono venduti in Italia, si produce lo stesso numero di emissioni che si otterrebbero percorrendo in automobile sei milioni di chilometri www.coldiretti.it/archivio/natale-coldiretti-ecco-vademecum-per-6-mln-di-alberi-veri

[154] Sull'importanza degli alberi, si veda il capitolo 8 «Un futuro all'ombra».

Capita però di averne già nel garage o in soffitta uno di plastica. In questo caso il consiglio è di utilizzarlo il più a lungo possibile, ritardandone lo smaltimento, in modo da ammortizzare i costi economici ed ecologici.

Se invece sceglierete per l'acquisto di uno vero, occhio a propendere per quelli nostrani, così ridurrete anche l'impatto del trasporto!

## Dove e come addobbare l'albero di Natale

Sarebbe opportuno collocare l'albero vero in giardino, sul balcone o, in ogni caso, in uno spazio luminoso. Se al chiuso, tenetelo lontano da fonti di calore come i radiatori o i caminetti e mantenete la terra sempre umida.

Per l'addobbo, evitate le decorazioni troppo pesanti perché potrebbero spezzare i rami, nonché l'impiego di prodotti chimici, come neve finta e coloranti, che possono danneggiare la pianta. In sostituzione delle palline di plastica, si possono creare fantasiose decorazioni riutilizzando stoffe, tappi di sughero, vecchi giornali, bastoncini di legno e nastrini. Potreste poi confezionare dei piccoli sacchetti e riempirli con biscotti da voi stessi sfornati da gustare in compagnia.

Se volete ricorrere alle luminarie, scegliete quelle a LED (ne esistono alimentabili dall'energia solare) adatte all'aperto, perché ogni tanto i rami della pianta andranno nebulizzati.

## Non solo spelacchio…

Cosa fare dell'albero alla fine delle feste? Se avete un giardino privato in una zona fresca, potreste provare a mettere a dimora l'abete in modo che continui a far parte della vostra famiglia o, in alternativa, consegnatelo ai centri di raccolta distribuiti su tutto il territorio nazionale[155]: persone esperte provvederanno a ripiantarlo in luogo adatto. Qualora, per le ragioni più varie, non fosse più ripiantabile, potrà essere comunque trasformato in compost e tornare a nutrire la terra sotto forma di concime.

## Decori con stile (green)

Le indicazioni che vi abbiamo dato per le cerimonie, come la scelta di piantine vere o fiori di campo, sono perfettamente applicabili anche in questo ambito. Molte altre decorazioni potranno poi nascere ricorrendo al fai da te e al recupero di materiali di scarto: porta tovaglioli ricavati dai cartoni dei rotoloni e adornati, poggia posate realizzati con tappi di sughero, ghirlande con nastri raccolti dalle bomboniere sono solo alcune delle tante idee che potrete mettere a punto.

Tanti sono i tutorial sul web. Ad esempio vera fonte di ispirazione è Lucia Cuffaro che, attraverso il suo portale Autoproduciamo[156], condivide le tecniche per realizzare ghirlande partendo da vecchie stampelle di ferro, segnaposti fai da te, candele riciclate e tanto altro.

Se poi la ricorrenza in questione è la più allegra e divertente, cioè il Carnevale, ricordiamoci che anche per i coriandoli non ci sarà bisogno di comprare nulla: basteranno fogli di vecchie riviste o foglie già cadute e raccolte e, utilizzando una perforatrice, potremo autoprodurli magari con l'aiuto dei più piccoli di casa.

[155] Ad esempio ecco ciò che consiglia l'AMA a Roma: www.amaroma.it/mobile/pages/2377-dal-7-gennaio-torna-la-raccolta-straordinaria-deglialberi-di-natale.html

[156] www.autoproduciamo.it

### A tavola presentiamo un ecomenu

Per le grandi occasioni, con gli invitati seduti a tavola, spesso si preparano piatti impegnativi. La corsa all'acquisto degli ingredienti diventa frenetica e si finiscono per perdere di vista i principi basilari. Prima di recarci in negozi e market fermiamoci a individuare le priorità: ingredienti a km zero, di stagione, carne e pesci inclusi. Se abbiamo timore di non trovarli last minute, possiamo pensare di prenderli con anticipo e congelarli.

Meglio ancora se la scelta degli alimenti avviene direttamente dai produttori diretti o presso piccoli artigiani del gusto (dai pastifici alle pasticcerie, le idee non mancheranno). Se avete figli, il party potrà già iniziare con le preparazioni, coinvolgendoli nella cucina, impastando e sfornando insieme ad esempio i biscotti (sarà inoltre un'occasione per fare educazione alimentare) o addobbando la casa. Potrebbero realizzare dei segnaposto per i commensali o dei centrotavola, recuperando e riutilizzando vari materiali di scarto, o aiutarvi ad apparecchiare e sparecchiare, così da rendervi più "leggera" la scelta di piatti in ceramica.

Un'alternativa sono le ecostoviglie monouso certificate biodegradabili e compostabili. A fine pasto potrete conferire scarti e contenitori nella raccolta dell'organico (ma non nell'eventuale compostiera da giardino). Grazie agli impianti di compostaggio industriali potranno tornare in natura sotto forma di compost, ovvero concime.

### Non si butta via niente!

La buona regola sarebbe calibrare quantità adeguate agli ospiti ma, ammettiamolo, non sapendo cosa piacerà di più, si finisce per raddoppiare le porzioni. Questo però comporta due generi di problemi: mangiare eccessivamente e, al contempo, avere a fine festa tanto cibo non consumato.

Cosa fare con gli avanzi? Le *doggy bag* saranno una soluzione ideale per i nostri ospiti che si troveranno i pasti pronti nei giorni a seguire. Chiedete con sincerità cosa sia loro piaciuto di più! Ricordate però di indicare loro quali cibi sono freschi, cosicché all'occorrenza possano essere congelati.

Esistono molte guide per scoprire cosa fare con gli avanzi: dalle ricette svuotafrigo alle idee di Ecocucina (la cui regina è sicuramente Lisa Casali[157], dai libri al web, avrà la ricetta giusta per voi), riuscirete a non buttare nulla.

## Regali dall'animo verde

I prossimi ecoconsigli valgono ogni volta che vi sia la necessità, o meglio la voglia, di fare un regalo che sia per Natale o un compleanno.

Partiamo dai più piccoli: perché non iniziare a far caso ai materiali prediligendo doni realizzati con materie prime naturali come legno o cartone? Ve ne sono di adatti a ogni età, a partire dai primissimi mesi.

Per i più grandi, quando si tratta di cosmesi, quella ecobio sarà sempre molto gradita: per momenti di relax in armonia col corpo, con la mente e con il pianeta.

Se pensate che la persona a cui va l'omaggio abbia già tutto, perché non prevedere un'adozione a distanza davvero unica? Dalle tartarughe[158] ai delfini, dagli asini ai ricci[159], sono molti i

[157] www.instagram.com/ecocucina
[158] www.tartalove.it
[159] www.laninna.org

progetti, realizzati da realtà molto serie, che prevedono la raccolta fondi per finanziare i centri di recupero di questi animali grazie a certificati di adozione. In alcuni casi è possibile, oltre all'adozione, abbinare un ricordo. Gli esempi sono davvero tanti come l'adozione[160] di un alveare (e ricevere prodotti meravigliosi come il miele), pecore (formaggi), ulivi (olio), alberi d'arance (se adorate le marmellate e non solo) e così via. Sono progetti spesso a sostegno dell'agricoltura e di specie, animali o vegetali, che è importante preservare.

## "Scarta la carta" sì… ma senza rifiuti

Quando si fa un dono è difficile rinunciare all'effetto sorpresa. Per ottenere la giusta atmosfera di suspense non è però obbligatorio creare rifiuti. Il suggerimento è di evitare di utilizzare la tradizionale carta da regalo (o packaging di plastica) che verrà strappata via per finire nel secchio della spazzatura. Potrete fare pacchetti con materiali di recupero, come fogli di giornali colorati (o riutilizzare carte che avrete sapientemente messo da parte dopo aver ricevuto un omaggio), o con stoffe e veline tenute assieme non da scotch, ma da nastri da sciogliere o da simpatiche corde. Scatole e buste di carta (da non sigillare, per permetterne il riutilizzo) potrebbero essere una buona alternativa.

Non mancano poi le soluzioni creative e utili come utilizzare una borsetta, magari di tela, o un canovaccio come contenitore del regalo: due doni in uno e zero rifiuti.

[160] www.donnamoderna.com/ambiente/adozione-distanza-piante-animali

## No ai botti, sì ai biscotti!

In voga soprattutto la sera di Capodanno, vengono spesso proposti anche in altre occasioni. Parliamo dei fuochi d'artificio. Sono però molti i motivi per cui bisognerebbe considerare di sostituirli con altri tipi di festeggiamenti, tanto che vari sindaci ne vietano l'utilizzo in alcune circostanze (a partire dall'ultimo dell'anno).

Da un lato spaventano gli amici animali, dall'altro portano con sé un incremento di sostanze inquinanti e di polveri sottili.

Altri oggetti da cancellare sono le cosiddette lanterne volanti: spesso sottoposte a provvedimenti di divieto (ad esempio d'estate), in quanto potenzialmente pericolose perché, ricadendo al suolo, possono causare incendi.

*Sostenibilità in 280 caratteri*

**Letizia Palmisano**
@leti_palmisano
FOLLOW

#10ideepersalvareilpianeta **Less is more: una festa per essere strepitosa non ha necessità di essere il regno degli sprechi!**
@leti_palmisano @mat_nardi

13 · 24 · 69

**Letizia Palmisano**
@leti_palmisano

FOLLOW

#10ideepersalvareilpianeta Per stupire davvero i tuoi ospiti, punta su un menu indimenticabile grazie ai cibi di stagione 🍎 a km zero e prediligi addobbi con elementi naturali 🌻
@leti_palmisano @mat_nardi

30 43 130

# 10. Uscire dalla zona divano

di Matteo Nardi

> «Urshanabi, questa pianta è la pianta dell'irrequietezza;
> grazie a essa l'uomo ottiene la vita».
> Epopea di Gilgameš

Nei primi anni 2000 fui tra i fortunati che riuscirono ad assistere a una conferenza di Philip Zimbardo, psicologo statunitense teorico della cosiddetta "psicologia del male". In sostanza, Zimbardo sostiene che le persone siano portate a commettere cattive azioni come risultato di quello da lui definito "effetto Lucifero". Il comportamento, insomma, deriverebbe da fattori predisposizionali, situazionali e sistemici, non da un'innata caratterizzazione positiva o negativa della persona.

Nel suo libro dal titolo *L'effetto Lucifero. Cattivi si diventa*, lo psicologo parte dal famoso e tragico esperimento carcerario di Stanford. Il test, diretto dallo stesso Zimbardo, si svolse nell'agosto del 1971 e consistette in una simulazione di vita carceraria. Fu condotto su 24 volontari, divisi in due gruppi distinti: 12 prigionieri da una parte e 12 guardie dall'altra. Nell'arco di pochissimi giorni l'esperimento prese una piega imprevista: le finte guardie iniziarono rapidamente a vessare i prigionieri con atti di violenza psicologica e fisica, mentre i prigionieri tentarono l'evasione. Entrambi i gruppi erano diventati il peggior stereotipo dei personaggi che stavano interpretando o che la divisa imponeva loro. Vittime di quel mondo chiuso, incapaci di reagire a quel sistema che loro stessi avevano alimentato.

Quello studio dall'esito così inquietante fu per Zimbardo il punto di partenza per un'ulteriore importantissima teoria che mirava a ribaltare, in chiave positiva, quegli stessi fenomeni psicologici che aveva osservato nella finta prigione.

Zimbardo capì che un sistema che propone ruoli negativi alle persone contribuisce a plasmare persone malvagie, ma che, al contrario, diffondere una cultura del bene e dell'eroismo, possa creare una generazione di giovani capaci di azioni straordinarie.

Quando pensiamo agli eroi, immaginiamo di solito personaggi fuori dal comune, con capacità straordinarie e un abbigliamento sgargiante che li renda immediatamente distinguibili nella battaglia. Il termine deriva in effetti dal greco □ρως "signore, principe" e, nel suo significato più generale, il termine denota la capacità di elevarsi al di sopra degli altri in quanto potente, forte, di nobile stirpe. Del resto, dai tempi di Nembo Kid[161], l'immaginario si è molto modificato all'interno della nostra società: mantelli, armature e poteri magici sono oggi profondamente radicati nella cultura, imprigionando la figura dell'eroe troppo spesso in quella del supereroe, figura mitologica più simile a una divinità o un santo piuttosto che a un essere umano.

Se è vero che i supereroi di Hollywood e dei fumetti sono spesso rappresentazioni antropomorfe di virtù che vivono all'interno di vere e proprie parabole, è però di fondamentale importanza insegnare ai giovani che per risolvere i problemi non si può ricorrere a bacchette magiche o altri *deus-ex*[162].

[161] Nome con cui la Mondadori presentava Superman in alcuni albi a fumetti a partire dagli anni '50.

[162] *Deus ex machina*, il dio (che parla o appare) da una macchina: nel teatro greco classico, l'espressione indicava l'apparizione sulla scena del-

L'eroe nella vita di ogni giorno è infatti tutt'altro: non ha alcun mantello e non possiede capacità straordinarie o sovrumane. È al contrario una persona del tutto comune capace però di andare controcorrente e, soprattutto, di uscire dalla propria zona di comfort.

Perché il problema, in fondo, è tutto lì, nel comfort. Secoli di evoluzione e scoperte tecnologiche ci hanno portato ad affondare sempre più in un divano fatto di certezze, serenità e bibite gassate. Una minima percentuale della popolazione mondiale detiene la quasi totalità delle ricchezze e le gestisce all'interno di piccole fortezze dorate. I social network (di cui, beninteso, faccio uso e riconosco vantaggi e meriti) hanno inoltre contribuito a rendere una generazione di ragazzi inabile alla politica e al confronto. Perfino la cittadinanza attiva si trasforma troppo spesso in pura partecipazione virtuale attraverso i clic.

Parlare della dicotomia tra reale e digitale non ha più molto senso e mettere un like o lasciare un cuore sotto a un post non è un atto banale e può avere grandi ripercussioni al di fuori del mondo virtuale[163]. Se però è vero che dai social network possono anche partire le rivoluzioni, la vita offline ha bisogno di molto altro. La realtà del resto per quanto «possa essere tremenda è l'unico posto dove si può mangiare un pasto decente»[164] e continua a essere l'unico luogo dove sia possibile amare e combattere le battaglie più importanti.

la divinità, che veniva realizzata mediante un apposito meccanismo e che di solito costituiva l'elemento risolutore della tragedia. Nella letteratura fantasy l'elemento magico o tecnologico è spesso risolutore delle difficoltà affrontate dai protagonisti.

[163] Si legga a tal proposito S. Cosimi, *Per un pugno di like. Perché ai social network non piace il dissenso*, Città Nuova, Roma 2019.

[164] *Ready Player One*, film del 2011 tratto dall'omonimo romanzo di Ernest Cline.

Essere immersi in quella realtà è quanto mai urgente, quanto mai necessario per salvare il mondo e noi stessi.

Spesso mi chiedono "come posso essere più green ogni giorno?" e io, felice, rispondo dando alcuni consigli pratici. Quando però mi viene chiesto "cosa posso fare, di più?" la risposta diventa più difficile. Tutto infatti parte dalla scelta, la scelta di essere (a volte inconsapevolmente) i sopracitati eroi senza mantello, ovvero persone capaci di uscire dal proprio comfort ogni giorno ed essere in grado di spezzare la routine e il sistema di valori senz'anima proposti dalla nostra società. Come osserva a più riprese Zimbardo, c'è bisogno infatti di lavorare su una cultura dell'eroismo e sulla cosiddetta "psicologia del bene" così da riuscire a strappare il proprio cielo di carta.

## Da dove partire?

Per cambiare se stessi e quindi il mondo, da qualche parte si deve pur partire e, per quanto siano belle e importanti le iniziative personali, le rivoluzioni non si fanno da soli: all'ambiente non basta il lavoro di un lupo solitario. Per questo è importante lavorare al fianco di chi può, giorno dopo giorno, attività dopo attività, aiutarvi ad ampliare le conoscenze e a incanalare energie e voglia di fare. Mi riferisco alle tante associazioni ambientaliste che operano ogni giorno sul nostro territorio e che hanno sempre bisogno di nuove forze, idee ed energie per portare avanti le proprie campagne.

Partecipare a un'attività di volontariato potrebbe non sembrare troppo difficile: si alza il telefono, si chiama una di queste associazioni e si offre la propria disponibilità. Non ci sono contratti, non ci sono obblighi, solo l'immediata sensazione di aver fatto qualcosa di buono.

Eppure il volontariato è molto di più: a differenza di un lavoro retribuito, ci costringe a utilizzare le nostre risorse fisiche, mentali (a volte anche economiche) in modo del tutto spassionato. Ci stimola a un confronto scomodo con l'altro al di fuori di noi, ci spinge a trovare soluzioni e a risolvere problemi spesso in mancanza assoluta di mezzi e garanzie, ci sprona a uscire proprio dalla famosa "zona divano" e a esporci dal punto di vista fisico e psicologico. In definitiva, il volontariato ci mette di fronte al mondo vero e al nostro vero io.

Il percorso come volontario è lungo e tortuoso, spesso con brusche frenate e ripartenze. Non è facile trovare al primo colpo l'associazione giusta per i propri interessi e per le proprie attitudini, come non è facile trovare il proprio ruolo all'interno della stessa; eppure scegliere di diventare volontari e poi attivisti ci permette in alcuni casi perfino di trovare un impiego. Al 31 dicembre 2018 le istituzioni non profit attive in Italia secondo l'ISTAT erano 359.574 impiegando complessivamente 853.476 dipendenti. Un mondo difficile, fatto di rinunce e sacrifici, ma che per alcuni fortunati potrebbe trasformarsi in una straordinaria opportunità di crescita umana e professionale.

## Le associazioni ambientaliste in Italia

In Italia vi sono decine di associazioni che si occupano di tutela dell'ambiente[165]. Alcune locali o localissime, altre internazionali e di fama mondiale. Se siete alla ricerca di una realtà a cui donare parte del vostro tempo, ma non sapete come orientarvi, vi consiglio di partire da una delle tre associazioni più importanti in Italia: Legambiente, Greenpeace e WWF.

[165] www.minambiente.it/pagina/elenco-delle-associazioni-di-protezione-ambientale-riconosciute

Legambiente è un'associazione senza fini di lucro, fatta di cittadini e cittadine che hanno a cuore la tutela dell'ambiente in tutte le sue forme. Il fulcro dell'associazione è l'ambientalismo scientifico[166] che è alla base di ogni denuncia e proposta. Da 40 anni si impegna per un mondo migliore, promuovendo la bellezza, la tutela e la qualità della vita e combattendo contro l'inquinamento, l'illegalità e l'ingiustizia.

Con 18 sedi regionali, 1.000 gruppi locali e 115.000 tra soci e sostenitori, Legambiente è a oggi l'associazione ambientalista più diffusa d'Italia. Ne fanno parte anche più di 1.000 giovani che ogni anno partecipano a campi di volontariato e 30.000 classi che aderiscono ai programmi di educazione ambientale. Infine, sono oltre 200 gli avvocati dei centri di azione giuridica che mettono la propria professionalità al servizio delle vertenze.

Legambiente si occupa di moltissimi temi: denuncia degli illeciti ambientali, sostenibilità delle aree urbane, tutela e valorizzazione degli spazi verdi urbani e delle aree protette, promozione del turismo naturalistico, lotta alle ecomafie, iniziative per la difesa del consumatore, attività su trasporti, energia, agricoltura sostenibile, inquinamento elettromagnetico.

Greenpeace è un'organizzazione internazionale non governativa ambientalista e pacifista fondata a Vancouver nel 1971. È famosa in particolare per la sua azione diretta e non violenta in difesa del clima, delle balene, dell'interruzione dei test nucleari e dell'ambiente in generale. Possiede una rete che comprende 26 organizzazioni nazionali e regionali indipendenti in oltre 55 Paesi in Europa, in America, in Africa, in Asia e nel Pacifico, oltre a un organismo di coordinamento, Greenpeace International. In Italia l'associazione è presente dal 1986.

[166] www.legambiente.it/rapporti/

I volontari e gli attivisti di Greenpeace si definiscono "guerrieri della pace" e sono noti per le azioni dirette realizzate a bordo di gommoni contro le baleniere o attraverso scalate di grandi ciminiere da cui vengono stesi striscioni di protesta. L'attività dell'associazione può essere riassunta in tre princìpi: azione diretta e non violenta, realizzata quindi senza l'uso della forza, in parte rifacendosi alle teorie di Mahatma Gandhi; scientificità, in quanto i dossier dell'associazione sono basati su solide ricerche scientifiche; indipendenza, poiché Greenpeace non riceve sostegni in denaro da nessun ente governativo o multinazionale privata.

Il World Wide Fund for Nature è tra le associazioni più conosciute al mondo. Il WWF è un'organizzazione internazionale non governativa di protezione ambientale con sede nella città di Gland in Svizzera. Nata nel 1961, si dirama in 24 organizzazioni nazionali, 5 organizzazioni affiliate e 222 uffici di programma in 96 Paesi.

Il supporto di oltre 5 milioni di sostenitori in tutto il mondo permette al WWF di portare avanti le sue campagne e sfide: più di 1.300 progetti concreti ogni anno per la tutela della biodiversità e per creare un mondo dove l'uomo possa vivere in armonia con la natura.

In Italia il WWF è attivo dal 1966 e può contare su oltre 100.000 sostenitori, biologi, ricercatori, zoologi, medici veterinari e centinaia di volontari con i quali gestisce più di 30.000 ettari di aree protette su tutto il territorio nazionale (come quelle ad esempio sul lago di Burano in Toscana, ma anche l'oasi di monte Arcosu in Sardegna e quella del bosco di Vanzago in Lombardia).

**Matteo Nardi**
@mat_nardi

FOLLOW

#10ideepersalvareilpianeta **Il pianeta si salva grazie all'impegno di tutti e al lavoro prezioso delle associazioni ambientaliste** @mat_nardi @leti_palmisano 🌍

18 · 32 · 169

**Matteo Nardi**
@mat_nardi

FOLLOW

#10ideepersalvareilpianeta **Se vuoi dare il tuo contributo, non delegare ad altri quello che potresti fare tu. Esci dalla tua zona di comfort e trova del tempo da donare agli altri e all'ambiente** @mat_nardi @leti_palmisano 🌍

14 · 51 · 98

# Appendice
## *Storie di transizione ecologica*

di Matteo Nardi e Letizia Palmisano

Vi abbiamo raccontato possibili spunti, esempi, ecoconsigli. Nulla di quello che abbiamo scritto è pura teoria. In questi mesi, mentre le pagine scorrevano lungo le tastiere dei computer, ci sono venute in mente le storie di chi ha già iniziato a realizzare quel cambiamento che vorremmo vedere nel mondo.

Abbiamo deciso di condividere alcune di queste storie con voi in chiusura nel nostro libro, affinchè gli esempi virtuosi siano positivamente contagiosi. Molte altre ne potrete leggere sui nostri portali www.letiziapalmisano.it e www.notiziegreen.it.

### L'energia pulita parte da noi

*di Letizia Palmisano*

Si può alimentare la propria casa con energia rinnovabile senza avere un impianto domestico? La transizione energetica può partire dal basso? Per rispondere ho intervistato Sara Capuzzo, presidente di ènostra, una cooperativa davvero particolare.

*Come nasce e cos'è ènostra?*

ènostra nasce nel 2014, è una cooperativa a finalità non lucrativa che aggrega cittadini, imprese e organizzazioni; ha l'obiettivo il fornire ai soci energia 100% rinnovabile e sostenibile a un prezzo che deve essere giusto, equo ed etico. A ciò si affianca l'impegno nel lavorare per incrementare la quota di energia pulita nel mix energetico italiano. In tal senso un passaggio importante è stata la fusione nel 2018 con la cooperativa di produzione Retenergie che oltre a realizzare impianti collettivi erogava per i propri soci servizi finalizzati all'efficienza e al risparmio energetico. Siamo fermamente convinti che la transizione energetica, che impone di lavorare sia sulla produzione diffusa di energia rinnovabile sia sulla razionalizzazione dei consumi, sia imprescindibile nella lotta ai cambiamenti climatici.

Nel 2020 abbiamo fornito ai soci oltre 20 GWh e il traguardo dei 10.000 soci è vicinissimo. Possiamo dire che in termini numerici il "peso" di ènostra sia quasi impercettibile nel mercato dell'energia italiano, ma come modello siamo la dimostrazione che la rivoluzione energetica, gentile, democratica e dal basso di cui il Paese (e il pianeta) ha bisogno sia davvero realizzabile.

*Una realtà virtuosa anche nella progettazione degli impianti…*

Gli impianti che stiamo progettando e realizzando hanno la particolarità di essere collettivi, ovvero sono finanziati dai soci che destinano del capitale proprio alla realizzazione di nuova capacità rinnovabile. Le persone che aderiscono diventano *prosumer*, ovvero consumeranno a casa propria (o nell'azienda) l'energia prodotta dall'impianto che hanno contribuito a realizzare. Il progetto più importante a cui oggi stiamo lavorando è il "Cerrone": una turbina eolica in fase di realizzazione a 11 km da Gubbio (PG), con una potenza di 900 kW e una producibilità attesa di quasi 2 GWh/anno, finanziata grazie alla partecipazione di centinaia di "cittadini energetici", esempio concreto di transizione dal basso.

## Impegno certificato

*di Matteo Nardi*

Uno dei loghi più importanti da cercare nell'ottica di una spesa sostenibile è quello di Fairtrade, in grado di garantire il rispetto dell'ambiente, dei lavoratori e dei contadini. Ho chiesto a Benedetta Frare, responsabile comunicazione di Fairtrade Italia, di raccontarmi il loro impegno.

*Benedetta, con quali obiettivi nasce la vostra certificazione?*

Fairtrade è nato 25 anni fa con l'obiettivo di certificare prodotti e renderli immediatamente riconoscibili tra gli scaffali dei supermercati. Inizialmente erano venduti solo in piccole botteghe gestite da attivisti straordinari, ma volevamo arrivare a un grande pubblico per consentire a tutti di contribuire attivamente a migliorare il mondo, anche per dare la possibilità a tanti piccoli produttori del Sud globale di espandere il proprio mercato. A livello organizzativo, Fairtrade è l'unica associazione al mondo partecipata al 50% dalle organizzazioni di produttori: ciò significa che le persone che lavorano la terra in ogni parte del globo e fanno parte del network Fairtrade sono anche rappresentate negli organi decisionali.

*Chi stabilisce i vostri standard? Su cosa si basano?*

Fairtrade Italia è inserita nella più ampia rete di Fairtrade International che decide gli standard. A verificare il tutto c'è poi Flocert, organismo indipendente che controlla produttori agricoli in Asia, Africa e America Latina e aziende della filiera che si occupano della commercializzazione dei prodotti, in Italia ad esempio.

I nostri standard sono così efficaci perché partono dai bisogni dei lavoratori. L'obiettivo è infatti far sì che i prodotti abbiano prima di tutto una sostenibilità economica, con un prezzo Fairtrade pagato al produttore agricolo che copre i costi di una produzione sostenibile e un premio annuale che viene elargito alle organizzazioni stesse dei contadini e dei lavoratori e che può essere reinvestito sia per migliorare le piccole aziende, sia per la salute e la qualità della vita dei lavoratori. Gli standard servono poi a confermare anche la sostenibilità sociale dei prodotti e quindi delle comunità di produttori, lottando contro ogni forma di discriminazione e il lavoro minorile.

*E dal punto di vista ambientale?*

La sostenibilità ambientale è un altro punto decisivo. Del resto, gran parte dei nostri produttori vive in aree tropicali che sono anche le più colpite da fenomeni atmosferici estremi dovuti ai cambiamenti climatici. Grazie ai nostri controlli viene limitato l'uso o messo del tutto al bando l'utilizzo di alcune sostanze chimiche, pericolose sia per l'ambiente che per i lavoratori. Inoltre favoriamo la diversificazione colturale e la preservazione delle specie autoctone. Senza contare lo sviluppo di un importante sistema di crediti di carbonio che permette di diversificare le fonti di sostentamento economico per i produttori.

*Quali sono i cibi che dovremmo sempre cercare di acquistare con la certificazione Fairtrade?*

Banane, caffè e cioccolato sono tra i prodotti più sensibili. Il caffè, ad esempio, dipende dalle speculazioni finanziarie di borsa e quindi rischia facilmente di mettere in difficoltà i piccoli agricoltori che lo raccolgono.

Oltre a questi, stiamo dando la possibilità alle aziende di inserire anche solo un ingrediente Fairtrade nella ricetta, così da ampliare il mercato potenziale dei coltivatori, ad esempio di cacao, di tutto il mondo.

## Una vita a minimo impatto

*di Letizia Palmisano*

Chiunque cerchi un punto di riferimento per una vita sostenibile e navighi sul web li conosce: parliamo di Minimo Impatto. Oggi impiega circa dieci persone, è una piccola, grande attrice del mondo della *green economy* e della divulgazione ambientale, tanto da essere stata premiata tra i *Green heroes* di Alessandro Gassman e del Kyoto club. L'azienda nasce dall'impegno e dalla passione di una coppia, Giuseppe Avolivolo e Maria Rosaria Ferrò; proprio a Maria Rosaria abbiamo rivolto qualche domanda.

*Oggi tutti parlano dell'importanza di uno stile di vita green e di supportare le aziende sostenibili. Voi avete iniziato già da un po'.*

Quindici anni fa eravamo una giovane coppia, tornata a vivere a Roma dopo aver trascorso del tempo all'estero e non riuscivamo ad abituarci a uno stile di vita frenetico, al traffico e allo smog. Cercavamo, nel nostro piccolo, di vivere a minimo impatto, ma ci scontravamo con una difficoltà oggettiva nel trovare alternative green, a partire dalle scelte quotidiane legate alla casa e alla crescita di due bambini piccoli. Era dura, ma ogni volta che ci riuscivamo, pensavamo che fosse un peccato non poter condividere queste scoperte con gli altri. Poi un giorno abbiamo pensato che dovevamo dare il nostro contributo e così è nata Minimo Impatto srl che abbiamo subito proiettato online con una piattaforma per l'e-commerce, un blog e i social. Tramite l'e-shop volevamo far conoscere al pubblico le alternative sostenibili, mentre il blog e i canali social ci servivano per poter fare divulgazione e stare in contatto con il pubblico. Volevamo poter scambiare informazioni, sentirci parte di una comunità, abbattere le distanze per confrontarci con esperti e con i cittadini che volevano provare a perseguire un sogno, folle, ma nel quale crediamo ancora oggi: lasciare un mondo migliore ai nostri figli.

*Dalla sua esperienza, in che termini gli acquisti delle persone sono diventati più sostenibili?*

Un momento molto importante nella vita delle persone è diventare genitori: vorresti che i tuoi figli vivessero nel mondo migliore possibile e allora cerchi di capire come fare la tua parte. Proprio riguardo ai prodotti per l'infanzia – come i pannolini sostenibili (monouso realizzati con materiali naturali o lavabili), gli ecobiodetergenti e i vestitini in cotone naturale bio – abbiamo verificato quanto sia maturata una maggiore sensibilità.

In generale, per la pulizia di casa, è aumentata l'attenzione sui detersivi e sui prodotti detergenti con una richiesta, sempre maggiore, di prodotti ecobio. Vi è poi la tendenza a prestare attenzione ai materiali e a cercare, ove possibile, soluzioni di acquisto *plastic free*, spaziando dai prodotti per l'igiene intima come gli assorbenti (in cotone biologico o lavabili) allo shampoo solido o al kit di piatti, bicchieri e posate monouso per le feste in casa biodegradabili e compostabili, ovvero che possono essere conferiti nella raccolta differenziata dell'organico una volta utilizzati.

Abbiamo quindi deciso di raddoppiare le attività creando Ecostoviglie, il portale dedicato alle stoviglie ecosostenibili, in particolar modo a quelle biodegradabili e compostabili. Sono acquistate soprattutto da ristoranti, catering e organizzatori di eventi, ma non manca un generale interesse da parte dei consumatori finali. Nei social, infatti, giorno dopo giorno, tantissime persone ci taggano in post e stories raccontando il loro pasto a minimo impatto: un altro bel modo per continuare a rimanere in contatto con i nostri eco-amici.

## Smuovere le città

*di Matteo Nardi*

Da ciclista urbano, la mobilità è un tema che mi è sempre stato particolarmente a cuore. Nella mia vita ho avuto l'occasione di conoscere tanti professionisti che lavorano per rendere la nostra società più sostenibile soprattutto dal punto di vista dei trasporti. Tra questi Massimo Ciuffini, coordinatore mobilità sostenibile della Fondazione per lo sviluppo sostenibile, autorevole punto di riferimento della *green economy*. Con lui ho avuto modo di confrontarmi, in particolare, sul tema della mobilità elettrica.

*Quando si parla di mobilità sostenibile non si può non pensare alle auto elettriche. Ma è giusto definire queste vetture una rivoluzione?*

Per chi si occupa di mobilità sostenibile, l'aspetto rivoluzionario riguarda il cambiamento dei comportamenti. Sarà una "rivoluzione" se riusciremo a ridurre l'uso e il numero delle auto, non a cambiarne l'alimentazione. Detto questo, le auto elettriche sono un'innovazione necessaria. Il rendimento di un motore elettrico è nettamente superiore a quello di un motore termico e, se a muovere un'auto è l'energia elettrica, è possibile ridurre le emissioni di anidride carbonica man mano che aumenta la quota delle fonti rinnovabili con cui si produce quest'energia.

*Quali sono i problemi e a che punto siamo in Italia?*

In Italia la penetrazione delle auto a batteria è inferiore a quella di altri Paesi europei come Francia, Germania o Gran Bretagna. Con l'ecobonus c'è stato un balzo in avanti ma per arrivare a 6 milioni di auto al 2030, così come previsto dal Piano Energia e Clima italiano, occorre che nei prossimi anni la quota delle auto elettriche immatricolate ogni anno aumenti ancora e che sia molto alto il turn over del parco veicoli. Questo dovrebbe accadere nel quadro di una crisi economica senza precedenti come quella attuale: mantengo un certo scetticismo sul fatto che tutto possa andare secondo i piani. È dunque fondamentale puntare come prima cosa sul ridurre il numero delle auto e il loro utilizzo.

*Sempre parlando di mobilità elettrica, il 2020 ha visto il boom della micromobilità. Pensi che possa portare dei vantaggi significativi alle città?*

Non ne ho dubbi. Sono convinto, però, che quello che stiamo vedendo sia solo l'inizio, anche molto disordinato, di una trasformazione profonda che vede sempre più l'affermarsi di un nuovo modo di muoversi in città che tende a premiare i veicoli più piccoli, leggeri, a bassa velocità e, spesso, condivisi. Chi oggi usa un monopattino o una bicicletta, anche elettrica, si accorge che impiega minor tempo e spende di meno che con l'auto. Quello che si fa ancora difficoltà a capire è che lo spazio stradale deve essere garantito progressivamente a tutti i veicoli. Non è solo una questione di sostenibilità ambientale ma di equità e di sicurezza.

*I cittadini hanno un ruolo fondamentale nel processo di cambiamento. Tuttavia cosa dovrebbero fare le istituzioni e le aziende per spingere sempre più verso una mobilità sostenibile?*

Mi occupo prevalentemente di mobilità urbana. In questo settore il ruolo delle amministrazioni locali è fondamentale: da una parte si tratta di costruire alternative all'auto e dall'altra di limitarne l'uso. Detto questo, ogni città è un caso unico, specie quelle italiane. Non esistono *silver bullet* o provvedimenti che vadano bene ovunque. Anche le aziende hanno un ruolo fondamentale, innanzitutto riducendo il fabbisogno di mobilità con il lavoro da remoto, nonché facendo attenzione alla localizzazione delle proprie sedi, tenendo conto dell'impatto dovuto allo spostamento quotidiano dei dipendenti. Se tutto questo non è possibile, è necessario incentivare l'uso del car pooling, del trasporto pubblico e della bicicletta.

## Come diventare una mamma green

*di Letizia Palmisano*

Giornalista, scrittrice, ecoblogger, Silvana Santo è nota sul web come una mamma green. Da anni condivide consigli e pensieri su come "crescere un figlio senza inquinare come una petroliera". In molti leggono i suoi contenuti per trarre ispirazione e ambire a essere una persona e un genitore sostenibile. Le abbiamo rivolto alcune domande per saperne di più.

*Green si nasce o si diventa. In quale delle due ipotesi ti ritrovi?*

Ho sempre avuto una particolare sensibilità verso la natura e l'ecologia. Appartengo alla generazione che ha vissuto l'epico inizio della raccolta differenziata, le prime campagne di Puliamo il mondo e la battaglia globale contro il buco dell'ozono. Sono cresciuta giocando in cortile con i miei vicini di casa e leggendo su Topolino delle grandi specie animali in via di estinzione. Ricordo ancora perfettamente la mobilitazione per il referendum sull'abolizione della caccia e la delusione per l'insuccesso che ne derivò. Alla fine del liceo, poi, ho deciso che la tutela dell'ambiente sarebbe stata in qualche modo al centro della mia vita professionale e così mi sono iscritta alla facoltà di scienze ambientali.

*Come nasce il tuo blog dedicato a sostenibilità e maternità?*

Quando è nato il mio primo figlio nel 2013, lavoravo nel settore del giornalismo ambientale da diversi anni. È stato abbastanza istintivo cercare di coniugare l'esperienza nuova e travolgente della maternità con la mia professione e, prima ancora, con l'attitudine alla scrittura. Il blog ha poi rappresentato per me lo strumento per vincere la solitudine in cui mi sentivo in qualche modo prigioniera, alle prese con una modalità un po' inconsueta e "bizzarra" di vivere la genitorialità.

Le persone che mi scrivono o che commentano i miei post ripetono continuamente di sentirsi capite e rappresentate, ma io non faccio che raccontare ciò che ogni giorno vivo e sento da quando sono madre.

*Da ecomamma secondo te qual è il modo più efficace per crescere piccoli ecologisti?*

Dal mio punto di vista conta molto l'educazione alla sobrietà e alla morigeratezza dei consumi. Dare l'esempio ai piccoli di uno stile di vita sostenibile, che non sia schiavo dei falsi bisogni materiali, mi sembra un primo passo importante. Insieme, naturalmente, all'educazione all'empatia e all'interesse per la diversità (biologica, ma anche culturale).

## La rigenerazione contro il *fast tech*

*di Matteo Nardi*

Ridurre, riciclare, ma anche riutilizzare. Quando parliamo di informatica, la sostenibilità passa anche dalla capacità di ognuno di saper scegliere prodotti che durino nel tempo oppure di acquistare prodotti che sono stati già utilizzati da qualcuno e, magari, ricondizionati per tornare come nuovi. Su quest'ultimo punto ho avuto il piacere di parlare con Nicolas Denis, socio di Reware, cooperativa e impresa sociale specializzata proprio nella rigenerazione di apparecchiature informatiche dismesse da grandi aziende, che ha per scopo la prevenzione della produzione di rifiuti elettronici.

*Riparare, rigenerare e riutilizzare un vecchio computer, è ancora possibile al giorno d'oggi o anche l'informatica è diventata usa e getta?*

Partiamo dal fatto che i computer di 20 anni fa erano molto più costosi e meno miniaturizzati, quindi era sicuramente più vantaggioso ripararli e riusarli. Negli anni il tempo di utilizzo medio dei computer si è progressivamente ridotto, soprattutto in ambito aziendale, e sono emerse nuove fasce di PC molto economici e poco riparabili. Nonostante ciò, il settore del riutilizzo e della rigenerazione è esploso in Europa negli ultimi dieci anni (negli Stati Uniti anche prima). Quindi, accanto all'informatica usa e getta, esiste effettivamente ancora un settore di PC che possono essere riparati, con un importante valore di uso residuo.

*Quante risorse ed energia vengono salvate ogni volta che scegliamo di acquistare un computer rigenerato invece di un nuovo modello?*

Su questo argomento esistono innumerevoli valutazioni, discrepanti tra loro. Una delle più note, dell'università delle Nazioni Unite[167], valuta che un computer costi, in termini di risorse, 1.800 kg di materie prime, di cui 1.500 litri di acqua, 240 kg di idrocarburi e 22 kg di altri materiali. Questa analisi è datata, ma nonostante i computer e i loro processi produttivi siano cambiati molto nel tempo, numerose analisi recenti confermano lo stesso ordine di grandezza. Considerando che

[167] archive.unu.edu/update/archive/issue31_5.htm

rigenerando un PC mediamente se ne raddoppia la vita utile, si può dire che si salvano la metà delle succitate risorse.

*Obsolescenza programmata: mito o realtà? E poi, c'è differenza tra i prodotti che vengono venduti oggi e quelli di 20 anni fa?*

L'obsolescenza programmata sicuramente non è un mito, ma si tratta di un problema relativamente poco impattante, anche se molto utilizzato dai media, se paragonato ad altri aspetti più complessi. Dal nostro punto di vista il problema reale è molto più articolato e preferiamo parlare di obsolescenza "indotta" piuttosto che di "programmata", per indicare un sistema complesso tra consumo, produzione, cultura e percezione delle tecnologie. I motivi per i quali computer o telefonini vengono scartati anche quando sono perfettamente funzionali sono molteplici, tra cui l'ossessione per la crescita economica e la modernizzazione, la moda, il consumismo e la percezione dell'oggetto come simbolo dello status sociale. Si va quindi dai comportamenti individuali, come cambiare telefono perché quello che si possiede "sembra" vecchio, a meccanismi economici, come gli incentivi pubblici alla digitalizzazione aziendale da parte degli Stati, che fanno sì che le aziende cambino i propri computer a ritmi serrati. Si potrebbe definire l'obsolescenza indotta come una sorta di patto sociale tra produttori, che vogliono vendere tanto e spesso, e consumatori, che vogliono comprare tanto e a poco. Il tutto ha conseguenze drammatiche per l'ambiente.

## Il lieto fine del cibo avanzato alle cerimonie

*di Letizia Palmisano*

Una struttura ben organizzata con una cucina ottimizzata non creerà troppe eccedenze, ma cosa fare se il cibo avanza? Una soluzione concreta arriva da Equoevento onlus. Abbiamo intervistato il fondatore e direttore Carlo de Sanctis, per sapere esattamente come funziona.

*Cos'è Equoevento?*

Equoevento è un'associazione senza scopo di lucro che si occupa di recupero e ridistribuzione delle eccedenze alimentari prodotte in occasione degli eventi.

L'idea nacque nel 2014: mi trovavo con degli amici a un matrimonio e, vedendo che era avanzato molto ottimo cibo dal buffet, abbiamo chiesto cose se ne facesse di tutte quelle prelibatezze. Con molto dispiacere ci venne detto che, per legge, veniva gettato e che a ogni evento ne avanzava sempre molto a causa dell'imprevedibilità del numero dei partecipanti e per la tendenza ad abbondare nelle quantità. Abbiamo studiato bene le normative e abbiamo scoperto che, in realtà, quel cibo poteva essere recuperato e redistribuito per fini caritatevoli, così abbiamo deciso di fondare, a Roma, Equoevento. Sono passati 6 anni e oggi l'associazione ha diverse sedi: in Italia siamo presenti a Roma, Milano, Torino e Lecce mentre all'estero siamo attivi a Madrid, Parigi e Bruxelles.

Solamente nella città di Roma Equoevento recupera oltre 100.000 pasti da circa 250 eventi ogni anno.

*Quando e cosa si puo donare a Equoevento?*

Qualunque occasione culinaria con oltre 70 partecipanti giustifica l'intervento e il recupero di eccedenze alimentari da parte di Equoevento. Trattandosi principalmente di cibo che veniva mangiato dopo alcune ore dalla sua cottura, abbiamo svolto delle ricerche scientifiche sulla proliferazione batterica e scoprendo che buona parte degli alimenti possono essere recuperati senza rischi per i destinatari. Chiaramente abbiamo anche una nostra black list del tipo di alimenti che non recuperiamo perchè rischiosi se conservati con poca cura.

## Le foreste non sono tutte uguali

*di Matteo Nardi*

Uno dei modi più semplici per proteggere gli alberi e le foreste è cercare l'etichetta PEFC sui prodotti di legno o carta. Quando è presente il marchio PEFC, significa infatti che il materiale a base legnosa contenuto nel prodotto proviene da una foresta gestita in modo sostenibile. Per approfondire questo tema così importante ho parlato con Antonio Brunori, segretario generale del PEFC Italia.

*Antonio, cosa significa certificare una foresta? E di cosa si occupa PEFC?*

Certificare significa "dare certezza", quindi certificare una foresta vuol dire assicurare che la sua gestione segua regole di correttezza e di sostenibilità ambientale, economica e sociale. È importante avere chiaro che un bosco, se è gestito in maniera corretta e sostenibile, protegge la natura e l'ambiente e permette alle persone di vedere rispettate le proprie tradizioni, le proprie attività economiche e anche il proprio patrimonio boschivo.

Il PEFC è l'organizzazione non profit che ha creato uno standard gestionale che permetta a chi gestisce e taglia i boschi di farlo rispettando sia l'ambiente, ma anche gli aspetti sociali, etici ed economici. Certificare un bosco vuol dire fornire garanzia che una volta che il bosco è tagliato sia sicuramente più stabile e sicuro rispetto a come era prima di essere tagliato.

*Come facciamo a capire che un prodotto che acquistiamo è certificato e che aiuto concreto stiamo dando al pianeta scegliendo prodotti con questa certificazione?*

Un prodotto derivante da una foresta certificata per la sua gestione corretta e sostenibile porta su di sé un marchio, che indica che è stata effettuata una serie di controlli sulla qualità dell'origine e sulla seguente tracciabilità dal bosco di provenienza. Il marchio PEFC permette di far sì che tutto il percorso dal bosco al prodotto sia trasparente, quindi che i lavoratori lavorino in sicurezza e abbiano contratti in regola, che vengano pagate tutte le imposte e soprattutto che l'ambiente sia rispettato. Quindi un cittadino che cerca un prodotto con un marchio della certificazione forestale, compie un gesto etico, facendo un favore alle foreste e a chi è corretto nella filiera produttiva. Ogni acquisto è come un voto, cioè ogni consumatore premia con la propria scelta e quindi direziona il mercato; allora la certificazione è uno strumento etico che permette al consumatore di spostare la bilancia verso la trasparenza, verso l'etica, verso la buona gestione delle foreste.

*Legno, carta e cartone: sono la migliore alternativa alla plastica e al cemento?*

I "prodotti di origine forestale" (come legno, carta o cartone) derivano da un processo che ha del miracoloso: la fotosintesi! Tutti noi sappiamo cosa sia, ma forse sfugge il fatto che sia l'unico processo sulla Terra che crei vita, accumulando carbonio organico (che diventa cibo), carbonio strutturale (che diventa cellulosa e legno) e liberando ossigeno (che ci permette di respirare); tutti gli altri processi sulla Terra, compresi quelli degli animali, disgregano le molecole "costruite" dalle piante per ricavare energia e materiali. Questi "prodotti" naturali quindi sono creati dalle piante a nessun costo energetico e soprattutto eliminando la $CO_2$ dall'atmosfera, riducendo quantità enormi di gas serra che determinano il cambiamento climatico; proprio il contrario di cemento, plastica, alluminio, ferro e tutti i materiali che vi possono venire in mente, che sono energivori e inquinanti.

*Nuovi alberi: quanti ne servirebbero in Italia?*

Ci vogliono milioni di alberi, ma è importante capire dove vanno messi a dimora, cioè individuando il posto giusto e le specie adatte. Questo perché ce n'è un bisogno enorme in città, dove possono "combattere" la guerra a inquinamento, terreno sterile, acque scorrenti e temperature elevate, o nelle pianure (non in collina o in montagna, dove fortunatamente la crescita del bosco è un fenomeno in atto da decenni). Sono proprio i "soldati" alberi i migliori alleati per mitigare i danni della cementificazione, ridurre l'isola di calore e ridare fertilità al suolo della città, oltre che combattere la "guerra" al cambiamento climatico. Vanno scelti quindi alberi che siano pionieri, forti e resilienti, ma dobbiamo essere noi i primi ad aiutarli nella battaglia, perché prima dobbiamo selezionarli e allevarli, poi dobbiamo metterli a dimora nella maniera corretta e poi curarli e nutrirli nei loro primi anni di vita. Nel frattempo le nostre armi sono frugalità nello stile di vita, uso di prodotti a basso impatto ambientale e acquisti di materiali "amici dell'ambiente". Quindi, di nuovo prodotti di origine forestale e certificati. Logico, no?

## Come rendere sostenibile il luogo di lavoro

*di Letizia Palmisano*

Lungo la Penisola sono tante le aziende e gli uffici che hanno deciso di investire nella sostenibilità. E se il luogo di lavoro fosse un posto nel quale l'energia oltre che consumata venisse anche prodotta, grazie al sole? Se si riuscisse a stoccarla, quando non si utilizza e a servirsene anche per ricaricare veicoli elettrici a disposizione dei dipendenti? Se se si creassero spazi esterni per far vivere l'azienda anche all'aria aperta, in mezzo al verde?

Tutto questo non è solo astrattamente realizzabile, esiste in concreto a Milano a Casa Siemens.

L'azienda ha lanciato una vera sfida a livello globale: rendere tutti gli edifici aziendali *carbon neutral* entro il 2030 grazie a tre grandi direttive: efficienza energetica, rinnovabili (e stoccaggio per massimizzare l'autoconsumo), compensazione della residua parte non (ancora) comprimibile.

Chi ha avuto l'opportunità di visitare la sede, ha potuto ammirare i due edifici che la compongono: il Galileo, uno smart building nuovo certificato Leed gold, e l'edificio Leonardo, un immobile storico degli anni '60 completamente rinnovato, per circa 32 mila metri quadri complessivi con 1.800 persone ospitate, in lavoro agile (da tempi non sospetti).

Il *Carbon neutral program* ha avuto inizio con una serie di interventi di efficientamento energetico che hanno dimezzato il fabbisogno di energia.

Si è passati da 1,23 tonnellate equivalenti di petrolio a 0,51 tep per dipendente. La ricetta? "decarbonizzazione, decentralizzazione, digitalizzazione". Sul tetto, da un lato, si possono ammirare i pannelli solari e, dall'altro, la vista sull'orto, a disposizione di dipendenti e famiglie, con aree picnic e uno spazio che consente di fare yoga all'aperto.

Infine sono a disposizione dei dipendenti biciclette e auto elettriche.

## Le aule-natura del WWF

*di Letizia Palmisano*

In base a una stima elaborata dal WWF Italia, gli edifici scolastici della Penisola vantano più di 64,5 milioni di metri quadrati di spazi esterni, non sempre agibili, spesso utilizzati solo per la ricreazione o per un po' di attività sportiva all'aperto.

Secondo la nota associazione ambientalista i circa quarantamila cortili potrebbero essere attrezzati diversamente per far sorgere delle vere e proprie "aule" per lezioni all'aperto.

Il WWF Italia è andato oltre la teoria individuando, attraverso un confronto col Ministero dell'istruzione, istituti scolastici nei quali sarebbe possibile realizzare "lezioni nel verde".

Il progetto[168] prevede la costruzione di "strutture" nei cortili di supporto alla didattica che siano in grado di garantire la delimitazione di uno spazio e l'opportuno distanziamento tra gli alunni. Tutto ciò include poi la realizzazione di differenti microhabitat (stagni, siepi, giardino) in cui osservare direttamente non solo le diverse forme di piante e animali, ma anche scoprire le relazioni che li legano tra di loro, attirando in particolare insetti e uccelli, offrendo luoghi-rifugio alla piccola fauna e allestendo un orto didattico.

## Gli attivisti del cigno verde

*di Matteo Nardi*

Da 40 anni Legambiente protegge l'ambiente grazie alla forza di migliaia di volontari che mettono a disposizione il proprio tempo e le proprie energie.

*Cosa significa essere volontari oggi e perché è importante che soprattutto i giovani intraprendano questo percorso? Ne ho parlato con Stefano Ciafani, presidente di Legambiente.*

L'Italia non è solo il luogo delle eccellenze enogastronomiche. Nel nostro Paese infatti circa il 12% della popolazione

[168] Per maggiori informazioni e per sostenere il progetto potrete accedere al sito wwf.it/aulenatura

svolge attività di volontariato e di questo dovremmo andarne fieri.

Storicamente fatto da adulti, il volontariato è molto cambiato negli anni e in particolare quello legato alle associazioni ambientaliste va oggi oltre le classi anagrafiche. Sui temi ambientali, ancora prima del fenomeno Greta Thunberg, troviamo infatti impegnata una fascia di età più bassa rispetto ad associazioni con altri scopi. Con l'arrivo di Greta poi, questa dinamica è esplosa e gesti che ai giovani potevano sembrare da "sfigati" (come pulire i parchi e le spiagge o utilizzare una borraccia) sono diventati *cool*, di moda. Il movimento Fridays for future ha quindi attecchito in un terreno molto fertile.

In Italia abbiamo una straordinaria ricchezza in termini di senso civico e di impegno da parte di milioni di persone: oltre al volontariato ambientalista c'è quello a tutela delle persone, dei beni culturali, degli animali, ma anche quello fondamentale delle associazioni antimafia. Il volontariato rende più ricchi, a fronte della donazione del proprio tempo libero, e quello che abbiamo fatto in 40 anni di associazionismo ambientale ha arato un terreno su cui stanno crescendo ora grandi cose. Serve l'aiuto di tutti, a partire dai giovani, per poter cambiare la nostra società che è fatta di persone, istituzioni e aziende che devono essere corrette ma anche guidate dall'esempio di ognuno di noi.

*In che modo la pandemia e la digitalizzazione forzata delle nostre vite hanno influito sul lavoro di un'associazione ambientalista così importante? Qualcosa è cambiato per sempre?*

È stato un anno di cambiamento per tutti, anche per le associazioni. Del resto la nostra idea di associazionismo per definizione è portatrice sana di assembramenti e non è stato facile riorganizzarsi. Siamo però riusciti a fare cose straordinarie anche nel 2020, tra cui organizzare campagne gigantesche e popolari come Puliamo il mondo, grazie a squadre di volontari piccole ma efficaci che sono riuscite a restituire a tanti spazi verdi la bellezza che meritavano. Siamo del resto stati letteralmente sommersi dalle richieste di tante persone la cui generosità e voglia di fare erano state letteralmente compresse dal lockdown ed è stato un segnale di speranza, davvero incoraggiante. La pandemia ci ha però anche insegnato a sfruttare il tempo e i mezzi digitali in maniera differente. Per un'associazione così diffusa e ramificata come la nostra, riuscire a sfruttare a pieno la potenza delle riunioni video è stato fondamentale. Da anni infatti cercavamo di migliorare la nostra efficacia in questo senso e quindi non smetteremo di utilizzare strumenti informatici laddove prima credevamo di poter lavorare solo in presenza. Torneremo ad avere il contatto fisico, certo, ma la digitalizzazione di alcuni processi lavorativi rappresenta una straordinaria opportunità anche in termini ambientali poiché consente di ridurre drasticamente i nostri spostamenti e quindi il nostro impatto ambientale.

*Il 2020 potrebbe essere definito un anno di grande confusione in cui progettualità in atto sono state messe in pausa o comunque in secondo piano. Quali sono le questioni ambientali drammaticamente urgenti di cui l'Italia dovrebbe occuparsi nei prossimi anni?*

Per prima cosa bisognerà utilizzare al meglio le risorse che il Next Generation EU metterà a disposizione. Tali fondi andranno spesi solo su progetti che servono a tutti e per farlo servirà la Politica con la P maiuscola. In seconda battuta serve semplificare la vita all'economia verde, rendere più partecipato con il territorio l'iter decisionale e autorizzativo e concretizzare così più velocemente le azioni sull'energia, sullo smog e sull'economia circolare. Non possiamo permettere che la *green economy* annaspi per troppa burocrazia!

Serve infine migliorare i controlli in tutti i settori: metà del Paese non può contare su tutti i controlli ambientali pubblici previsti dalle normative e i cittadini finiscono così per non fidarsi delle istituzioni. Grazie alla semplificazione e ai maggiori controlli, saremmo invece in grado di fare importanti interventi più velocemente nella transizione ecologica e contemporaneamente dare ai cittadini la sicurezza e la certezza che meritano.

# Ringraziamenti

Queste pagine non sarebbero state scritte senza il supporto e il confronto di tutti gli amici e i colleghi che a vario titolo si sono presi un momento per discutere, approfondire, dare un parere su alcuni dei contenuti del libro.

Grazie a Giorgia Fanari, Giuseppe Laratta, Valeria Morelli, Ludovica Nati, Martina Moretti, Alessandro Marini per i consigli e i suggerimenti.

Grazie a Simone Cosimi, insostituibile guida verso nuove avventure.

Un ringraziamento speciale a Marco Gisotti, Marco Fratoddi, Alessandro Tibaldeschi e Roberto Scacchi, amici e mentori che non mancano mai di darci stimoli appassionanti.

Ai nostri nonni, ai nostri genitori e a tutti coloro che in questi anni ci hanno dato "una penna" per scrivere e "una bici" con cui pedalare.

Un pensiero speciale a tutti coloro che ci hanno fornito le informazioni e gli approfondimenti che hanno reso possibile i racconti e gli ecoconsigli che abbiamo riportato.

L'ultimo grande ringraziamento è per voi che ci avete letto e speriamo che le nostre pagine vi abbiano, almeno un po', convinto che non è poi così difficile diventare gli eroi di cui il nostro mondo ha bisogno.

Contatti

Per qualsiasi messaggio, spunto, riflessione, segnalazione in riferimento a quanto contenuto nel libro, vi invitiamo a scriverci a salvailpianeta@notiziegreen.it.

# Indice